QUAIS SÃO SUAS **CHANCES?**

• Amir D. Aczel •

QUAIS SÃO SUAS CHANCES?

Um guia para a melhor aposta no amor, na bolsa de valores, no jogo e no que você quiser

Tradução
Jussara Simões

BestSeller

CIP-BRASIL. CATALOGAÇÃO-NA-FONTE
SINDICATO NACIONAL DOS EDITORES DE LIVROS, RJ.

A171q

Aczel, Amir D., 1950-
Quais são as suas chances? / Amir D. Aczel; tradução Jussara Simões. – Rio de Janeiro: Best*Seller*, 2007.
Tradução de: Chance
Apêndice
ISBN 978-85-7684-133-3

1. Acaso. 2. Probabilidades. 3. Jogos de azar. I. Título.

07-1934 CDD: 123.3
CDU: 123.11

Título original norte-americano
CHANCE: A GUIDE TO GAMBLING, LOVE, THE STOCK MARKET, & JUST ABOUT EVERYTHING ELSE

Capa: Sense Design
Diagramação de miolo: ô de casa

Direitos exclusivos de publicação em língua portuguesa para o Brasil adquiridos pela
EDITORA BEST SELLER LTDA.
Rua Argentina, 171, parte, São Cristóvão
Rio de Janeiro, RJ – 20921-380
que se reserva a propriedade literária desta tradução

Impresso no Brasil

ISBN 978-85-7684-133-3

SUMÁRIO

INTRODUÇÃO

Construímos mil templos para a Fortuna, nem um para a Razão. — Marcus Cornelius Fronto, tutor de Marcus Aurelius

As forças gêmeas da sorte e do azar seduzem a humanidade como nenhuma outra. Por que a fortuna sorri para alguns e desdenha de outros? O que é sorte e por que ela visita com tanta freqüência quem não a merece? Como prever os acontecimentos aleatórios que ocorrem à nossa volta? Ou, melhor ainda — como manipulá-los?

É fácil achar que a sorte não está a nosso alcance. Os deuses da Antiguidade, a astrologia, a superstição: tudo isso eram tentativas de explicar o inexplicável. *Nossa aldeia foi destruída pela seca porque a deusa da sorte nos deu as costas. O filho dela enlouqueceu porque nasceu sob um signo sinistro. Os escravos dele se revoltaram e saquearam a casa-grande porque ele derramou sal no banquete de ontem à noite.* Hoje em dia podemos questionar essas teorias — mas não podemos negar que seus criadores se esforçaram; olharam ao redor e se recusaram a crer que seu mundo fosse arbitrário. Em um nível bem fundamental, a sorte pode permanecer um mistério, mas, recorrendo à linguagem da matemática, podemos agora passar a chamá-la de "probabilidade"; podemos, então, defini-la e criar equações que a representem. Assim como os marinheiros em alto-mar não controlam os ventos, mas aprenderam a usá-los de maneira favorável, podemos usar e — de modo bem real — manipular a probabilidade. As dúvidas antigas deram origem às modernas: Será que a pessoa que estou namorando vai querer casar comigo? Será que vou lucrar com meus investimentos? Voltarei bem de viagem? Com o poder da probabilidade e as fórmulas contidas neste livro vamos descobrir que é possível calcular as respostas a estas perguntas.

Os gregos da Antiguidade fizeram a sorte encarnar na deusa Tique. Mais tarde, os romanos a denominaram Fortuna, e ela se tornou tão adorada que lhe dedicaram mais templos do que a todos os outros deuses. A epígrafe citada, escrita por volta do século II d.C., foi o comentário irônico de Fronto sobre sua popularidade. Espero que este livro sirva de templo à fortuna e à razão.

A história da probabilidade antecede a História

A probabilidade e a sorte, bem como o interesse que os seres humanos têm por elas, antecedem a História de que temos registros. Foram encontrados dados feitos de ossos de animais que remontam ao período neolítico, mais de 6 mil anos atrás. São muito semelhantes aos dados modernos. Em outras palavras, mais ou menos à mesma época em que se formavam as primeiras sociedades agrícolas, o homem começou a jogar dados em Ur.

Esses dados primitivos, feitos com ossos de animais, chamam-se *astragaloi* (o singular é *astragalus*) e provinham de ossos específicos da pata do carneiro, que tinham dois lados arredondados e quatro quadrados quase do mesmo tamanho. O jogo com esses dados primitivos, a partir da pré-história, passando pelas eras grega e romana, consistia em apostar em um dos quatro resultados possíveis, desconsiderando os dois lados arredondados, pois os dados não se equilibravam sobre eles. Os *astragaloi* continuaram sendo usados mesmo depois da invenção do dado de seis faces, feito de osso ou entalhado em madeira ou pedra; isso indicava tanto a utilidade desses dados quanto a existência de pessoas nostálgicas já naquela época.[1]

Nos primórdios da Antiguidade, os egípcios, os babilônios e os romanos jogavam com dados e *astragaloi*. Os etruscos, povo misterioso que viveu na península itálica antes da chegada dos romanos, jogavam com icosaedros, dados de 12 faces pentagonais, mil anos antes do nascimento de Cristo.

De acordo com o historiador romano Suetônio (*Vida dos césares*, escrito por volta do ano 100 d.C.), o imperador Augusto (63 a.C–14 d.C.) era um inveterado jogador de dados. Suetônio descreve o jogo que o imperador adorava: lançavam-se quatro *astragaloi* e o vencedor seria o que primeiro tirasse uma "Vênus", ou seja, quando cada um dos dados exibia um número diferente. Segundo Suetônio, o imperador Cláudio (10 a.C.–54 d.C.) era tão obcecado por eles que chegou a escrever um livro sobre os jogos. O imperador tinha um tabuleiro de dados especial preso à carruagem para jogar enquanto trafegava por Roma.

Os jogos de dados também eram populares na China e na Índia antigas. A história e o folclore da probabilidade estão cercados de lendas românticas sobre os jogos de azar. Esse fato é ilustrado por um conto em especial. No terceiro volume do grande épico indiano *Mahabharata*, escrito antes de 400 d.C., o rei Rituparna conversa sobre probabilidade e estatística com Nala, um homem possuído pelo semideus dos jogos de dados. Diz a lenda que Rituparna era capaz de calcular o número de folhas das árvores com base no número de folhas de qualquer ramo escolhido ao acaso (método semelhante ao da estatística moderna). Rituparna diz:

Dos dados domino a ciência
E em números sou perito.

Os versos indicam que Rituparna tinha algum conhecimento da teoria da probabilidade, conforme demonstra sua ligação consciente entre dados e números.

Os rabinos dos séculos seguintes à destruição do templo de Jerusalém em 70 d.C. também tinham alguns conhecimentos de probabilidade. Isso está evidente no Talmude, escrito mais ou menos à mesma época que o *Mahabharata*. Segundo o Talmude, usavam-se muito os cálculos de probabilidades para decidir questões ligadas a leis dietéticas, à paternidade em casos de adultério, às divisões de impostos e outros assuntos nos quais a incerteza tivesse alguma participação. Os textos judaicos antigos também nos informam que as obrigações dos sacerdotes do templo, enquanto este ainda estava de pé, eram decididas ao acaso: os sacerdotes sorteavam tarefas como fazer a limpeza, cuidar da segurança e cozinhar. Segundo pesquisas atuais, parece que os especialistas no Talmude conseguiam aplicar regras de probabilidade à soma e à multiplicação, e sabiam comparar as probabilidades de acontecimentos diversos para julgar com base nas magnitudes relativas da probabilidade.[2]

Surpreende-nos, porém, que os matemáticos da Grécia antiga, Pitágoras, Euclides e outros, não tenham se dedicado à teoria da probabilidade. Talvez achassem que a tentativa de avaliar as possibilidades não fizesse parte da matemática — a principal menção aos dados nos textos matemáticos gregos denota apenas um instrumento para ajudar os jovens a aprender aritmética por meio da soma dos pontos. A sorte não é discutida.[3]

No mundo antigo, tanto no Oriente como no Ocidente, os dados e os *astragaloi* não eram usados apenas como instrumentos aleatórios em jogos de azar, mas também para adivinhação. Quando alguém não sabia o que fazer na vida cotidiana, quando os chefes militares queriam descobrir se era o momento certo para iniciar uma batalha e quando os reis queriam conselhos divinos para os assuntos de Estado, eles consultavam um oráculo. Os oráculos costumavam usar os dados para receber as respostas dos deuses a essas questões. A posição "Vênus" nos dados significava "Sim" em resposta à pergunta formulada, ao passo que o resultado "Cão" — todos exibindo o número 1 — significava "Não". Mas havia muitos outros costumes e possibilidades. O costume de usar objetos aleatórios para se obter orientação divina continuou durante a era cristã. Há casos de pessoas, até hoje, que procuram respostas para questões sobre casamento, emprego e outros problemas em mecanismos aleatórios.

Os elementos básicos da teoria da probabilidade, conforme a conhecemos hoje, foram elaborados formalmente no século XVII por matemáticos europeus, dentre eles Galileu Galilei (1564–1642), Blaise Pascal (1623–1662), Pierre de Fermat (1601–1665) e Abraham de Moivre (1667–1754). Assim como na Índia, a evolução da teoria da probabilidade na Europa teve íntima ligação com os jogos de azar. Sua motivação era o desejo de entender as leis do acaso para ganhar ao jogar contra a banca.

Cartas a um jovem viciado em jogos de azar

A essência da teoria da probabilidade surgiu na França no século XVII, por causa de uma parceria incomum entre um jogador e um matemático. O jogador era Chevalier de Méré, que queria descobrir como ganhar nos cassinos da Europa. O matemático era ninguém menos que o famoso filósofo, físico e matemático Blaise Pascal. De Méré procurou Pascal e o consultou sobre as probabilidades de ganhar em dois jogos complexos e de grande popularidade na Europa naquela época (falaremos deles mais adiante). Pascal escreveu a um matemático mais antigo, o famoso Pierre de Fermat, e dessa correspondência foram extraídas as regras matemáticas da probabilidade. Essas regras, ampliadas ao longo dos séculos, são o assunto deste livro.

CAPÍTULO UM

O que é probabilidade?

PROBABILIDADE É A TENTATIVA HUMANA DE ENTENDER A INCERTEZA do universo, de definir o indefinível. A *probabilidade* é uma medida quantitativa da possibilidade de determinado acontecimento. Quando temos certeza de que vai acontecer, atribuímos a ele 100% de probabilidade. Quando temos certeza de que não acontecerá, consideramos 0% de probabilidade. A outros — quando não há certeza de que ocorrerão ou de que não ocorrerão — atribuem-se entre 0 e 100% de probabilidade (ou, de maneira equivalente, entre 0,00 e 1,00, que é a escala matemática rígida da probabilidade). Se o evento tem 0,5 (isto é, 50%) de probabilidade, então as probabilidades de acontecer ou não são iguais. É improvável que um evento que tenha 0,1 (10%) de probabilidade ocorra; e é provável que aconteça o evento que tem 0,9 (90%) de probabilidade. Naturalmente, esses mesmos números podem ser representados na forma de frações: 0,1 se torna 1/10, 0,5 se torna 1/2 e assim por diante.

A figura a seguir serve de guia para a interpretação das probabilidades.

Para ser válida, a atribuição da probabilidade, um número entre 0 e 100% (ou 0,00 e 1,00), deve obedecer a certas leis da lógica e da matemática — deduzidas por Pascal, Fermat e outros. Que-

A interpretação da probabilidade

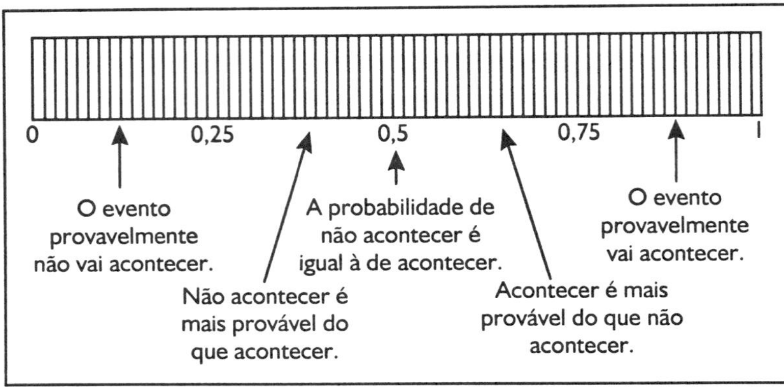

remos que seja correta a probabilidade que atribuímos ao evento; isto é, no longo prazo, se o repetirmos muitas vezes (digamos, jogar um dado e anotar o resultado), a probabilidade será igual aos resultados. Por exemplo, atribuímos a fração 1/6 à probabilidade de que o resultado do dado será "cinco". E, de fato, no longo prazo, 1/6 dos lançamentos de um dado não-adulterado terá o resultado "cinco". Quando nossos ancestrais jogavam aquele dado de osso ainda na pré-história, eles perceberam que mais ou menos 1/6 das vezes o resultado era "cinco" — ou teriam percebido se não estivessem ocupados demais fugindo de mamutes peludos. O mesmo também se aplicava aos outros números. Mas é por outros meios que deduzimos a probabilidade, e não jogando o dado 1 milhão de vezes. Progredimos muito.

Você vai perceber que é muito útil entender a teoria da probabilidade. Nós a utilizamos de modo elementar diariamente (vai gastar dinheiro com um táxi ou se arriscar no metrô? Vai sair da estrada e abastecer agora ou esperar até encontrar uma gasolina mais barata?); mas um conhecimento mais profundo vai ajudá-lo a tomar melhores decisões nos negócios, no amor e em qualquer outra área da vida. O especialista em probabilidades I. J. Good afirma que a teoria da probabilidade antecedeu a raça humana.[4] Ele argumenta que os animais a entendem — o predador pode fazer uma avaliação instintiva das probabilidades da presa ao escolher dentre as diversas rotas de fuga e caçá-la pelo caminho mais provável.

A finalidade deste livro é ensinar noções básicas da teoria das probabilidades para ajudá-lo a definir o indefinível, fazendo com que o mundo a seu redor tenha sentido e você possa tomar melhores decisões.

CAPÍTULO DOIS

Como avaliar as probabilidades

QUERO REVELAR A VOCÊ UM SEGREDO: AVALIAR A PROBABILIDADE É TÃO simples quanto *contar.* Basta contar as possibilidades de um evento e dividir o resultado pelo número total de possibilidades. (É claro que todas as possibilidades que contamos devem ter probabilidades iguais — se uma possibilidade for mais provável que as outras, deverá receber o peso apropriado, mas vamos tratar disso depois.) Por exemplo, ao rolar um dado, há seis resultados igualmente prováveis: um, dois, três, quatro, cinco e seis. Como sabemos? Ora, é intuitivo, e talvez os seres humanos primitivos que jogavam com o dado de osso pensassem da mesma forma. O dado é perfeitamente simétrico (ou, pelo menos, deveria ser); tem seis lados; então, cada um deles tem iguais probabilidades de ser o resultado da jogada.

> Sempre que surge uma situação com resultados de possibilidades iguais a probabilidade de qualquer resultado é a proporção entre o número total de resultados correspondentes ao evento e o número total de resultados.

Por exemplo, qual é a probabilidade de se obter um número par? Há três números pares (dois, quatro, seis) entre seis números igualmente prováveis (um, dois, três, quatro, cinco, seis), portanto a resposta é 3/6 = 1/2, ou 50%. Chances iguais, como se diz nos cassinos.

Agora vejamos as cartas. Se tenho um baralho de 52 cartas que está bem embaralhado, qual é a probabilidade de tirar um ás? Se ele estiver bem embaralhado, isso nos dá probabilidades iguais para qualquer das 52 cartas.[5] Já que temos quatro ases (dos quatro naipes) entre 52 cartas com as mesmas possibilidades de serem escolhidas, a probabilidade de qualquer ás é de 4/52 = 1/13 = 0,0769, ou cerca de 8%. Isso está demonstrado na seguinte figura:

Margem de possibilidades para a puxada de uma carta

O evento "A" é a puxada do ás.

C	O	P	E
A	A	A	A
K	K	K	K
Q	Q	Q	Q
J	J	J	J
10	10	10	10
9	9	9	9
8	8	8	8
7	7	7	7
6	6	6	6
5	5	5	5
4	4	4	4
3	3	3	3
2	2	2	2

CAPÍTULO TRÊS

A Lei das Uniões

QUANDO QUEREMOS SABER A PROBABILIDADE DE OCORRÊNCIA DE um entre dois eventos, temos uma lei para descobri-la: a *Lei da União*. A lei diz o seguinte:

> A probabilidade de que pelo menos um dos dois eventos ocorra é a soma das probabilidades dos dois eventos menos a probabilidade de que ambos ocorram.

A princípio, talvez você ache difícil de entender, mas um exemplo rápido demonstra como é simples: qual é a probabilidade de que a carta que tiramos de um baralho embaralhado corretamente seja do naipe de copas ou seja um ás (ou ambos)? A resposta, segundo a regra acima, é: probabilidade de copas + probabilidade de ás — probabilidade de ás de copas. A razão para isso é que o ás de copas é *tanto* de copas *quanto* é um ás, portanto, precisamos subtrair essa possibilidade (caso contrário, vamos contá-la duas vezes e superestimar a probabilidade de tirar uma carta de copas ou um ás).

A figura seguinte demonstra essa regra:

Evento "A" e "H" e sua união e interseção

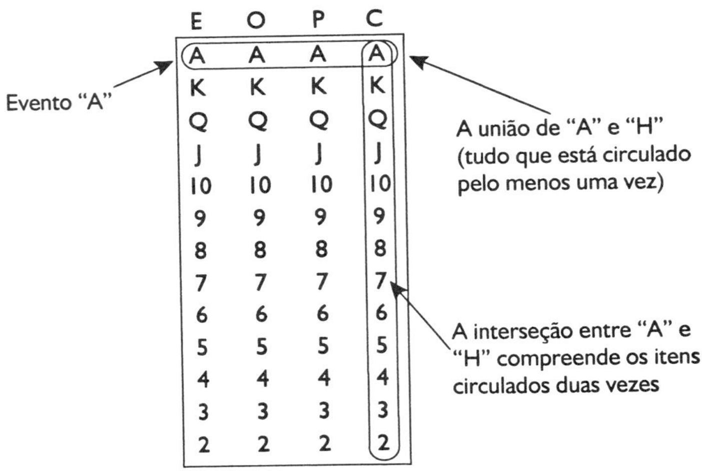

CAPÍTULO QUATRO

Independência dos eventos

OS CAPÍTULOS ANTERIORES FORAM SIMPLES E INTUITIVOS. CHEGAMOS agora a situações mais realistas. Encontramos aqui uma das mais importantes hipóteses da teoria das probabilidades, a hipótese de que os processos aleatórios — em muitas situações — não têm memória.

Se o dado cair no "dois", isso aumenta a probabilidade de que a próxima jogada também termine em "dois"? Se o dado for honesto, e não viciados a resposta é não. Nesse caso, diz-se que o processo de jogar o dado *não tem memória.* O dado não se lembra de que acaba de cair no "dois" e, por isso, a probabilidade de sair "dois" na próxima jogada continua a mesma: 1/6.

Quando o processo não tem memória, como o jogo de dados, chama-se os eventos sucessivos de *independentes entre si.* Além disso, os eventos separados por tempo ou espaço também costumam ser independentes entre si. Por exemplo, os resultados de uma eleição em Massachusetts e de uma tempestade na Tasmânia são independentes entre si — chover na Tasmânia hoje não aumenta nem diminui as probabilidades de alguém ser eleito governador de Massachusetts.

> Para eventos independentes, a probabilidade de ocorrência conjunta é igual ao produto das probabilidades dos eventos

> separados. Em outras palavras, multiplique as probabilidades uma pela outra para obter a probabilidade de ambos ocorrerem.

Segundo a regra das ocorrências simultâneas de eventos independentes, a probabilidade de sair dois "quatro" em duas jogadas de um dado honesto é o produto das duas probabilidades independentes. Como a probabilidade de sair "quatro" a cada vez é de 1/6, a probabilidade de se tirar dois "quatro" em duas jogadas é de $1/6 \times 1/6 = 1/36$. A cada 36 jogadas, em média, teremos uma vez o resultado de dois "quatro".

A importante *Lei da Multiplicação* da seção anterior, tenho o prazer de informar, pode se estender a eventos que não sejam obrigatoriamente independentes — com uma pequena alteração. Temos de multiplicar a probabilidade de um evento pela probabilidade *condicional* do segundo, contanto que o segundo já tenha ocorrido. Hein? Leia o exemplo adiante e tudo se esclarecerá.

> Nos eventos *dependentes*, a probabilidade de ocorrência conjunta é igual ao produto da probabilidade do primeiro evento e da probabilidade do segundo evento, *desde que* o primeiro evento já tenha ocorrido.

Por exemplo, vamos supor que haja dez pessoas em uma sala — cinco homens e cinco mulheres. Qual é a probabilidade de que duas pessoas escolhidas ao acaso sejam do sexo feminino?

Solução: Usamos a probabilidade de que a primeira pessoa é mulher, 5/10, e multiplicamos pela probabilidade de que a segunda pessoa escolhida seja mulher. Porém, nesse momento, só restarão quatro mulheres e nove pessoas entre as quais escolher. Assim, a probabilidade é 4/9. Temos: $5/10 \times 4/9 = 20/90$, ou 0,22.

Esse tipo de amostragem retirada de um grupo se chama *amostragem sem substituição.* Se fizermos a amostragem com substituição, isto é, se permitirmos que as duas escolhas resultem na mesma mulher, a probabilidade é simplesmente $1/2 \times 1/2 = 1/4$.

COM A BREVE TEORIA ATÉ AQUI APRESENTADA, JÁ PODEMOS CRIAR algumas aplicações interessantes da probabilidade.

Ao lançar dois dados, qual a probabilidade de que a soma dos pontos resultantes em ambos seja quatro?

Vamos supor que um dado seja branco e o outro, preto.

Os dados podem cair da seguinte maneira:

Nesse caso, vemos que o dado branco mostra a face com dois pontos e o preto, cinco pontos. Queremos criar um espaço de possibilidades para os resultados dos dois dados, como fizemos anteriormente com as cartas. Quais podem ser os resultados do dado branco? A seguir, o conjunto de possibilidades.

Os dados pretos, igualmente, têm seis possibilidades de resultado, conforme demonstra a figura a seguir.

Pela lógica simples, há $6 \times 6 = 36$ resultados possíveis para um par de dados. Todos esses resultados — o espaço de todas as possibilidades de resultados dos dois dados — estão na próxima figura.

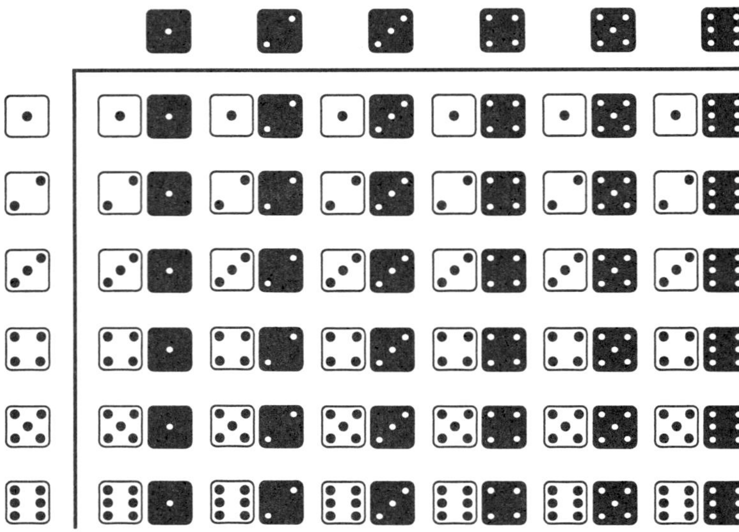

Vamos agora olhar para a figura e contar o número de pares cuja soma é quatro. Vemos que os pontos são: (um, três), (dois, dois) e (três, um). Há, portanto, três no total de 36 combinações possíveis, e a probabilidade é 3/36 = 0,083, ou mais ou menos 8%.

Quando tiramos uma carta de um baralho de 52 cartas corretamente embaralhado, qual é a probabilidade de que a carta seja de espadas ou uma "carta alta" (figura ou ás)?

Usamos aqui a Lei das Uniões: a probabilidade de uma carta de espadas ou de uma carta alta é igual à probabilidade de uma carta de espadas somada à probabilidade de uma carta alta, menos a probabilidade de que a carta seja tanto alta quanto de espadas. Ou: 1/4 + 16/52 – 4/52 = 0,48. Quase 50%.

Blackjack

A idéia do espaço de possibilidades que discutimos como ferramenta principal para avaliar as probabilidades (e que os estatísticos chamam de *espaço de amostra do evento*) só é útil quando pode ser calculada. Nos jogos de azar, isso costuma acontecer. Mas no blackjack, por exemplo, nem sempre se conhece esse espaço com precisão. Isso acontece, principalmente, porque os cassinos usam diversos baralhos para que o jogador tenha dificuldade de memorizar quais cartas já saíram ou não. O apostador esperto deve tentar "contar" as cartas, ou manter uma idéia aproximada de quantas cartas altas ou baixas ainda restam, e desse cálculo chegar a uma probabilidade aproximada da próxima carta ser útil ou prejudicial.[6] Essa estimativa permite ao apostador decidir se pedirá ou não mais uma carta em qualquer momento do jogo. Por exemplo, vamos supor que estou há algum tempo jogando e observando as cartas que saem, e agora calculo que a pilha da qual são tiradas as cartas está com um grande número de cartas baixas (cheguei a essa conclusão pela observação da saída de muitas cartas altas e poucas baixas até este momento). Vamos supor também que tenho 12 pontos na mão. Neste caso, em geral, é vantajoso pedir uma carta, pois posso chegar mais perto do total de 21 pontos, e há uma probabilidade relativamente baixa de tirar uma carta de figura e estourar o limite.

CAPÍTULO CINCO

Probabilidade subjetiva

A NÃO SER QUE SEU INTERESSE EXCLUSIVO SEJA JOGAR, ESTE CAPÍtulo é o mais importante deste livro, pois nos permite aplicar as técnicas da probabilidade a situações que não parecem ter necessidade delas.

Situações sem um espaço claro de possibilidades igualmente prováveis

Quando não se trata de jogos de azar, é raro encontrarmos um conjunto claro de possibilidades que sejam igualmente prováveis. Por exemplo, o conjunto de possibilidades {chove, não chove}, em geral, não é uma coleção de resultados com possibilidades iguais. Como calcular as probabilidades nessas situações? Como lidar com o acaso no dia-a-dia?

Em primeiro lugar, precisamos definir algo denominado *loteria da equivalência*. O que é loteria?

Todos as conhecemos, pois existem muitas loterias estaduais em que os números sorteados premiam os vencedores com milhões em dinheiro. A probabilidade de ganhar em tais loterias é quase nula, vamos tratar delas mais adiante. A loteria simples, para nossos fins, é uma coleção de bolas dentro de um saco. Se o saco tem 100 bolas e 80 são vermelhas, e ganhar-se nessa loteria quando a bola tirada do saco é vermelha, então, a probabilidade é de 80/100 = 0,8 ou 80%.

A idéia mais importante deste capítulo é dar um jeito de "impor" uma espécie de loteria a eventos que não sejam igualmente prováveis. Vejamos o exemplo da chuva. Dissemos que o conjunto {chove, não chove} não é um grupo de resultados em que todos sejam igualmente prováveis — quando se trata do tempo, você não pode tirar cartas de um baralho com apenas duas opções, uma que diz "chove" e outra que diz "não chove". Como podemos, então, impor uma loteria a essa situação? Talvez o dia em questão seja em julho, e você saiba que raramente chove nesse mês no lugar onde mora. Contando o número de dias chuvosos em julho nos últimos três anos e dividindo pelo número total de dias do mês, temos 6/93. Em condições normais — o que significa que não é um ano de seca, nem um ano chuvoso demais —, podemos considerar que chover amanhã é como o sorteio de uma bola numa loteria em que seis bolas são retiradas de um conjunto de 93. Agora estamos chegando a algum lugar. A probabilidade de chover é de 6/93 = 0,0645 ou mais ou menos 6%. É lógico que temos boletins meteorológicos que usam imagens de satélite e outros métodos. Mas essa idéia da loteria nos será útil nos casos em que não for possível fazer previsões.

Exemplo de loteria na bolsa de valores

Quero aplicar em curtíssimo prazo. Todos aqueles comerciais do canal de notícias de negócios me cativaram e desejo comprar algumas ações amanhã de manhã e vendê-las no fim da tarde com lucro. Se achar que a probabilidade de ganhar dinheiro durante o dia é boa (superior a 50%), comprarei as ações. Como calcular a probabilidade de ganhar dinheiro nessa transação?

A idéia é, repito, tentar impor uma loteria com possibilidades iguais num caso em que não existe qualquer possibilidade clara. O que posso fazer é imaginar que as ações saem de um saco de bolas, no qual algumas estão com a marcação "alta" (as vermelhas) e as outras com "baixa" (as restantes no saco). Quais são alguns dos modos de tentar fazê-lo de maneira "científica" ou lógica? Preciso imaginar o espaço de possibilidades dessas ações. Preciso imaginar que há mil dias idênticos a este e que, em cada um desses mil dias, tenho uma oportunidade de comprar essas ações específicas. Em quantos desses dias as minhas ações subirão? Temos de impor a elas uma loteria lógica. Vamos supor que, com base na economia, no mercado de ações e na psicologia dos compradores e dos corretores, calculo que as ações sobem em 650 desses dias hipotéticos.

Acabo de criar uma loteria na qual a probabilidade de tirar uma bola vermelha — isto é, as ações subirem — é de 65%. Existem outros modos mais precisos e científicos de aplicar a loteria, como veremos.

AS PROBABILIDADES PODEM SER *OBJETIVAS* OU *SUBJETIVAS*. PROBABIlidade objetiva é aquela com a qual todos concordam. Por exemplo, se forem usados dados honestos, todos concordam, racionalmente, que a probabilidade de tirar determinado número será exatamente de 1/6. Mas qual é a probabilidade de que as ações da IBM subam amanhã? É uma probabilidade subjetiva, pois depende da pessoa que a avalia. Minha probabilidade subjetiva para esse evento é de mais ou menos 60%. De onde tirei esse número? Consultei um gráfico da movimentação das ações comuns da IBM no mês passado e reparei que houve uma tendência geral de alta, com alguns dias de queda. Depois de contar esses dias, calculei que a probabilidade de que as ações subam amanhã é de mais ou menos 60%. Talvez sua probabilidade subjetiva para esse evento seja mais ou menos igual à minha — se não tiver à disposição informações melhores do que um simples gráfico de desempenho no passado. Se você for analista do mercado de ações, talvez saiba mais; seu conjunto de informações será diferente do meu (e, espera-se, melhor). Talvez saiba muito a respeito do ramo da informática e tenha percebido um declínio geral em curto prazo nas ações das empresas do ramo. Sua probabilidade subjetiva a respeito da alta da IBM amanhã pode ser de apenas 45%. Agora vamos supor que você tenha informações internas da IBM. Nesse caso, seus conhecimentos devem ser muitos superiores aos meus ou de um analista. Vamos supor que você saiba que o relatório de lucros da IBM, que vai se tornar público amanhã, está negativo e irá decepcionar o mercado. Nesse caso, sua probabilidade subjetiva para o evento "ações da IBM subirão amanhã" pode ser representada por um número bem baixo, digamos, 5%, refletindo uma possibilidade de que as ações subam, caso esta informação já esteja expressa na avaliação das ações. Claramente, a avaliação interna é muito melhor. Quem tem informações internas está em vantagem em relação a todo o resto do mercado, e é exatamente por isso que as transações feitas por quem tem conhecimentos internos devem ser comunicadas e controladas. Infringir essas regras pode levar à prisão. Quando pessoas com informações confidenciais jogam no mercado contra mim e contra você, é como se usassem dados viciados.

O Jogo de De Finetti

Bruno de Finetti (1906–1985) foi um estatístico italiano que passou a vida criando métodos poderosos que estão a meio caminho entre a matemática e a psicologia. De modo incrível, ele descobriu um meio de avaliar objetivamente a probabilidade subjetiva. (Se isso parece estranho, continue lendo para ver o que quero dizer.) Esse método brilhante e simples hoje se chama Jogo de De Finetti.

O Jogo de De Finetti é um modo de entrar em contato com os próprios sentimentos, por assim dizer. A maioria das pessoas mente sobre as probabilidades, sem perceber que está agindo assim — mentem até para si mesmas. Vamos supor que seu amigo acaba de fazer uma prova e está animado em relação ao resultado. Ele pode dizer: "Gabaritei; estou 100% certo de que vou tirar a nota máxima." Ora, sabemos que ninguém acredita, sinceramente, que algo (com exceção da morte e dos impostos) tenha 100% de probabilidade. Então, a questão é: que certeza seu amigo pode ter — *de fato* — de ter mesmo tirado a nota máxima?

O Jogo de De Finetti consiste em fazer uma série de perguntas a seu amigo para avaliar suas *probabilidades subjetivas reais* para o evento de tirar nota máxima. Vejamos como funciona:

Diga o seguinte a seu amigo:

"Vamos jogar. Você escolhe: pode tirar uma bola de um saco que tem 98 bolas brancas e 2 pretas. Se tirar uma bola branca, da-

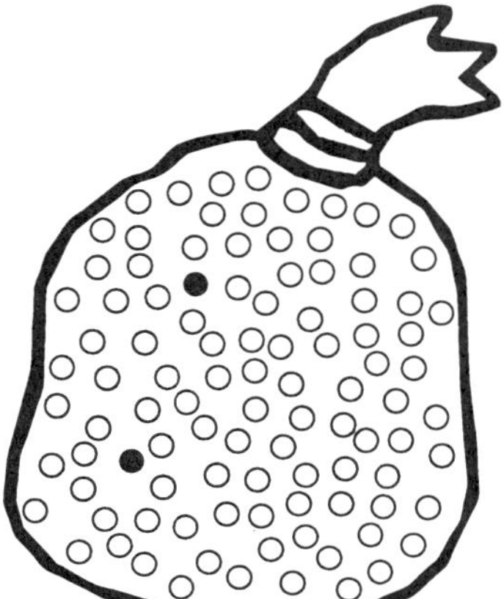

Um saco com 98 bolas brancas e 2 pretas

rei a você 1 milhão de dólares. Ou pode esperar para ver como se saiu na prova e, se tirar a nota máxima, darei a você 1 milhão. O que você prefere? Tirar a bola ou esperar?"

É provável que seu amigo diga: "Tirar a bola." Se ele não quiser fazer isso, tem mesmo a probabilidade subjetiva de 100% de ter gabaritado. Caso seu amigo decida pela bola, faça a próxima pergunta:

"Agora há 80 bolas brancas e 20 pretas no saco. Se você tirar uma bola branca, vai ganhar 1 milhão de dólares, ou, então, pode esperar para ver como se saiu na prova e ganhar 1 milhão se tiver gabaritado."

Se a resposta for "esperar" (o resultado da prova), então saberemos que a probabilidade subjetiva de tirar dez é superior a 80%, mas inferior a 98%. Então, escolha um valor intermediário, digamos 90%, e diga:

"Agora há 90 bolas brancas e 10 pretas dentro do saco, você quer sortear ou esperar?"

Se a resposta for "sortear", faça a próxima pergunta:

"Há 85 bolas brancas e 15 pretas: você vai sortear ou esperar?"

Se a resposta for "sortear", faça uma proposta com 83 bolas brancas. A resposta do seu amigo agora pode ser:

"Tanto faz sortear ou esperar."

Nesse caso, a probabilidade subjetiva de tirar dez na prova é de 83%. Caso contrário, atualize o número de bolas brancas e pretas no saco de modo que consiga encurralar a real probabilidade subjetiva entre a resposta "sortear" e a resposta "esperar".

Ao jogar assim, você vai constatar que as probabilidades mudam com freqüência. É interessante observar que os meteorologistas costumam mudar pouco suas previsões do tempo — porque estão acostumados a pensar em termos de probabilidade. E tem mais uma advertência: esse jogo costuma fracassar em assuntos essenciais — por exemplo, o amor. Podemos supor que isso aconteça porque os lucros do evento em questão — digamos, casar-se com alguém — são mais importantes para muita gente do que ganhar na loteria — 1 milhão, no nosso exemplo. Embora nem sempre...

Observação histórica: Bruno de Finetti aperfeiçoou sua teoria das loterias equivalentes jogando toda semana com seus alunos na Universidade de Roma. Usavam-na para estimar as probabilidades de vitória dos diversos times de futebol da Liga Italiana.

Quando se pode definir uma probabilidade objetiva, deve-se usá-la. (Ninguém gostaria de usar uma probabilidade subjetiva para adivinhar qual será o resultado de um dado, por exemplo.) *Em outras situações, fazemos o possível para avaliar nossa probabilidade subjetiva do resultado de um evento.* Outra opção em tais situações seria tentar comprar informações — consultar um especialista, por exemplo, um analista financeiro. Depois de calculada, nossa probabilidade subjetiva pode ser usada em conjunto com as regras normais da probabilidade.

Vamos supor, por exemplo, que sua mulher tenha se inscrito em duas vagas da mesma empresa. Ela acha que tem 60% de probabilidade (calculada por meio do Jogo de De Finetti) de conseguir a vaga *A*; 20% de probabilidade de conseguir a vaga *B* e 10% de probabilidade de conseguir *ambas as vagas*. Recorrendo à *Lei das Uniões*, descobrimos que a probabilidade de ela conseguir pelo menos uma das duas vagas dessa empresa são: 0,60 + 0,20 – 0,10 = 0,70 ou 70%. Pode começar a pesquisar os preços do champanhe.

CAPÍTULO SEIS

Complemento de um evento e a união de eventos independentes

QUANDO ACONTECE O CONTRÁRIO DE DETERMINADO EVENTO, DIZ-SE que ocorreu o *complemento* do evento. Se estivermos interessados no fato de chover amanhã, então o complemento desse evento é não chover amanhã.

> As probabilidades de todos os eventos em determinadas circunstâncias devem somar 1,00 ou 100%.

É apenas bom senso. Por exemplo, já que só consideramos duas possibilidades — *chover* e *não chover* —, temos que a probabilidade de chover somada à probabilidade de não chover é igual a 100%. Existe uma probabilidade de 100% de chover ou não amanhã.

Igualmente, se a probabilidade de chover a qualquer momento amanhã é de 40%, então está claro que existe 60% de probabilidade de que amanhã não chova em momento algum. Temos, então, a regra óbvia:

A probabilidade de ocorrência de um evento somada à probabilidade de que ele não ocorra é igual a 100%. Ou, em termos matemáticos:

P(A) + P(Não A) = 1,00 ou 100%, para qualquer evento A.

E, de maneira equivalente:

P(Não A) = 1,00 – P(A).

Usando as definições anteriores de complementos de eventos, estamos preparados para deduzir uma das mais importantes e úteis leis da teoria das probabilidades, a *Lei das Uniões de Eventos Independentes.*

Vamos considerar dois eventos independentes, A e B. Se um evento ou outro (ou ambos) ocorreu, é lógico que *não é o caso* de que ambos os complementos desses eventos tenham ocorrido. Pensemos um pouco. Eu disse que pelo menos um deles, A ou B, aconteceu. Então sabemos, com certeza, que (Não A *e* Não B) não aconteceu. Por conseguinte, o *complemento* de (Não A *e* Não B) aconteceu. A probabilidade do complemento de um evento é igual a 1 menos a probabilidade do evento. Então:

P(A ou B) = 1 – P(Não A e Não B).

Se os eventos A e B são independentes um do outro, então, Não A e Não B também são. Lembramos agora que a probabilidade de interseção de dois eventos independentes é o produto das duas probabilidades distintas. Conseqüentemente, o "e" torna-se um produto matemático simples, ou uma multiplicação, e temos:

Para os eventos independentes A e B:

P(A ou B) = 1 – [P(Não A) × P(Não B)].

A regra se estende à união de qualquer quantidade de eventos, A, B, C, D etc., da seguinte maneira:

Para eventos independentes A, B, C, D... temos:

$$P(\text{A ou B ou C ou D...}) =$$
$$1 - [P(\text{Não A}) \times P(\text{Não B}) \times P(\text{Não C}) \times P(\text{Não D})...]$$

Existem inúmeros exemplos maravilhosos do uso das regras há pouco citadas. Interpretamos que a probabilidade P(A ou B ou C ou D...) significa que *pelo menos um entre os inúmeros eventos independentes possíveis, A, B, C, D etc., vai ocorrer*. O "ou" que separa as letras representa todas as possibilidades (significa que vai ocorrer apenas um dos eventos A, B, C ou D, ou qualquer par desses eventos, ou qualquer trio, ou qualquer quarteto).

Uma mulher marca cinco encontros às cegas com cinco homens, que ocorrerão nas próximas 2 semanas. Os homens não se conhecem e os eventos de que qualquer um desses encontros tenha êxito e resulte em um envolvimento romântico são, portanto, independentes entre si. A mulher calcula que a probabilidade de um encontro bem-sucedido seja de 20% (ela é otimista). Qual é a probabilidade de que após os cinco encontros ela encontre um homem apropriado para um relacionamento? Recorrendo à lei acima:

P(pelo menos um dos cinco eventos independentes vai ocorrer) = 1 – [0,8 × 0,8 × 0,8 × 0,8 × 0,8] = 0,67 ou 67%. Talvez você tenha percebido que para calcular a probabilidade de êxito de pelo menos um encontro subtraímos de 1 o produto das cinco probabilidades de *fracasso* para cada encontro, 0,80, de acordo com a Lei das Uniões de Eventos Independentes. Se pelo menos um dos cinco encontros independentes teve êxito, então *não é* o caso (conclui-se: 1 –) de todos os *cinco encontros terem falhado*.

Agora mais um exemplo de uma situação real que aconteceu há alguns anos. O reitor de uma universidade estadual, que vou chamar de dr. Charles, foi demitido e teve de procurar emprego. Em determinado momento da procura, o dr. Charles foi considerado para vagas em sete universidades de vários estados. Já que nenhuma das vagas ficava no mesmo lugar, as equipes de recrutamento eram distintas e, acreditava-se, não trocariam informações umas com as outras, Charles formulou a hipótese razoável de que os convites para qualquer um dos empregos eram eventos independentes entre si. Vamos supor que Charles tenha feito inscrição para vagas nas seguintes universidades: Alabama, Barnard, Cornell, Dartmouth, Emory, Fordham e George Washington. Alabama e Barnard informaram que ele era semifinalista. Isso significava que havia uma pequena lista de seis candidatos para a vaga em cada uma das universidades. Tanto em Cornell quanto em Dartmouth, Charles estava em um estágio inicial da seleção e havia 20 candidatos para cada vaga. E em Emory, Fordham e George Washington, Charles era finalista: havia três candidatos para cada uma das três vagas. O dr. Charles pôde formular a hipótese razoável de que, se havia vários candidatos para cada uma das vagas, todos tinham a mesma probabilidade de conseguir o emprego. Qual era a possibilidade de Charles conseguir pelo menos um deles? Tente resolver sozinho esse problema interessante. Quando terminar, leia a solução adiante.

Solução do problema da procura de emprego:

Já que supomos probabilidades iguais para cada inscrição, e as inscrições são independentes entre si, a situação é igual a jogar sete "dados" — dois têm seis lados iguais; três têm três lados iguais e dois têm 20 lados iguais. Empregamos a Lei das Uniões de Eventos Independentes com a primeira letra de cada universidade representando o fato de Charles conseguir o emprego nesse lugar específico:

$\mathrm{P}(A \text{ ou } B \text{ ou } C \text{ ou } D \text{ ou } E \text{ ou } F \text{ ou } G) = 1 - [\mathrm{P}(\textit{Não } A) \times \mathrm{P}(\textit{Não } B) \times \mathrm{P}(\textit{Não } C) \times \mathrm{P}(\textit{Não } D) \times \mathrm{P}(\textit{Não } E) \times \mathrm{P}(\textit{Não } F) \times \mathrm{P}(\textit{Não } G)] = 1 -$

(5/6 × 5/6 × 19/20 × 19/20 × 2/3 × 2/3 × 2/3) = 1 – (72.200/388.800) = 1 – 0,1857 = 0,8143, que é igual a 81% — uma probabilidade nada má. Devemos reparar que esse problema tem uma boa estrutura, que nos permite multiplicar todos os numeradores primeiro e todos os denominadores em seguida, e só então fazer a divisão, o que é mais fácil e mais preciso do que, digamos, tentar multiplicar 0,6666 por algum outro número.

Explicação do problema da aposta de Chevalier de Méré

Voltemos à história de Chevalier de Méré (mencionada na Introdução), o jogador francês do século XVII que procurou o matemático e filósofo Blaise Pascal para ajudá-lo a resolver um problema de apostas — e, sem querer, inspirou a teoria moderna da probabilidade.

Chevalier estava confuso com as probabilidades de dois jogos em voga nos cassinos da França naquela época. O primeiro consistia em lançar um dado quatro vezes e ganhar se tirasse pelo menos um "ás" (número 1). O segundo consistia em lançar um par de dados 24 vezes e ganhar se tirasse um duplo ás (o número 1 em ambos os dados) pelo menos uma vez. O cavaleiro inculto achava que as probabilidades deviam ser iguais. Ele pensava assim: "Em uma jogada, tenho uma chance em seis de tirar o ás; logo, em quatro jogadas, terei a chance de tirar pelo menos um ás de 4 × 1/6 = 2/3. No segundo jogo, a probabilidade de conseguir um duplo ás ao jogar um par de dados é de uma em 36; então, em 24 jogadas de um par de dados, a chance de obter pelo menos um duplo ás é de 24 × 1/36 = 2/3." No entanto, na realidade, o primeiro jogo resultou em vitória com uma freqüência um pouco maior do que no segundo jogo. Isso ficou conhecido como Paradoxo de Chevalier de Méré.

Devemos perceber de imediato que o raciocínio dele está totalmente errado. Quando Chevalier procurou Pascal, o famoso filósofo, em colaboração com um matemático renomado, Pierre de Fermat, elaborou as regras já citadas.

Usando as regras que desenvolvemos nesta parte do livro, a Lei das Uniões de Eventos Independentes, obtemos o seguinte:

No primeiro jogo: P(pelo menos um ás em quatro jogadas de um dado) = 1 – P(nenhum ás em quatro jogadas) = $1 - (5/6)^4 =$ 0,5177. Isso significa, em média, uma vitória em pouco mais do que metade do número de jogos em uma longa seqüência.

No segundo jogo: P(pelo menos um duplo ás em 24 jogadas de um par de dados) = 1 – P(nenhum duplo ás em 24 lançamentos de um par de dados) = $1 - (35/36)^{24} =$ 0,4914. Esse resultado significa, naturalmente, vitória em menos de metade dos jogos, em média, em uma seqüência longa deles.

Podemos ver com um exemplo simples a explicação do erro de Chevalier de Méré. Se seguirmos a lógica dele, em duas jogadas de uma moeda honesta, a possibilidade de sair "cara" é de pelo menos 100%. Já que a possibilidade de sair "cara" da primeira vez é 1/2, a probabilidade de "cara" pelo menos uma vez em duas jogadas seria de $2 \times 1/2 = 1$. Naturalmente, o modo certo de calcular a probabilidade de sair cara pelo menos uma vez em duas jogadas da moeda é: $1 - (1/2)^2 = 3/4$.

É importante entender que devemos usar a Lei das Uniões de Eventos Independentes (quando acreditarmos que os eventos são independentes) mesmo que isso pareça romper com a lógica. Em seu excelente livro *Statistics*, David Freedman *et al.* trazem um exemplo de falso uso da probabilidade na literatura popular. Citam o autor Len Deighton que, segundo eles, no romance *Bomber* afirmou que a probabilidade de cada piloto da Segunda Guerra Mundial ser abatido em cada uma de suas missões era de 2%. Assim, em 50 missões, o autor afirma que era "matematicamente certo" que o avião seria derrubado. O raciocínio falso é o seguinte: 50 × 2% = 100%. O modo correto de resolver esse problema é (presumindo-se a independência das missões): $1 - (0{,}98)^{50} = 0{,}64$ ou 64%, que, embora relativamente alta, é bem diferente de 100%.[7] Somar as 50 probabilidades de 2% está errado porque devemos "subtrair as interseções", como está implícito na Lei das Uniões de Eventos Independentes. É claro que as interseções, nesse caso, significam ser atingido duas vezes — e isso não faz sentido. Mas é preciso obedecer à regra, caso contrário os resultados não têm sentido.

Conseqüências interessantes da Lei das Uniões de Eventos Independentes

Vamos brincar um pouquinho com essa poderosa lei. Aqui está mais um problema divertido.

Um documento que contém minha assinatura original (e não pode ser enviado por fax) deve chegar à Califórnia amanhã de manhã antes das 10h30 para que um negócio importante possa ser fechado. Para elevar as probabilidades de isso acontecer, enviei três documentos iguais, por três serviços de entrega expressa distintos. A experiência nos diz que o serviço A tem histórico de 90% de entregas pontuais. O histórico do serviço B é de 88% e o serviço C entrega suas encomendas pontualmente em 92% das vezes. Qual é a probabilidade de pelo menos um dos meus documentos chegar pontualmente à Califórnia amanhã antes das 10h30, conforme as exigências? A resposta pode surpreender o leitor.

Usando a Lei das Uniões de Eventos Independentes, temos: $1 - (0{,}10 \times 0{,}12 \times 0{,}08) = 0{,}99904$, ou seja, 99,9%, uma porcentagem altíssima. O que acontece se eu ainda não estiver satisfeito? Posso acrescentar, digamos, mais dois serviços de entrega expressa com probabilidade de entrega pontual de apenas 85% cada uma. Qual é a probabilidade, agora, de pelo menos um dos meus cinco pacotes chegar à Califórnia amanhã antes das 10h30?

Usando mais uma vez a Lei das Uniões de Eventos Independentes, temos: $1 - (0{,}10 \times 0{,}12 \times 0{,}08 \times 0{,}15 \times 0{,}15) = 0{,}999978$. Não sei o que você acha, mas, na minha opinião, 99,9978% é praticamente uma certeza. Eu adoraria ter essa probabilidade para todas as coisas boas da vida. Então, o que aprendemos com isso? Aprendemos que *quando o número de tentativas sobe, também sobe a probabilidade de êxito.*

Você pode discordar: "Ah, você já *começou* com probabilidades altas, então sua probabilidade final tinha que ser alta mesmo."

E esse raciocínio parece válido — mas está errado. Vejamos outro exemplo. Vamos supor que minha probabilidade de conseguir um emprego seja muito baixa porque fui mal em todas as entrevistas e o meu campo de trabalho está muito ruim. Suponhamos que a probabilidade de conseguir emprego seja de *0,5%*, ou seja, 0,005. Afirmo que se conseguir perseverar e me inscrever em um número bem grande de empresas, também posso elevar praticamente a uma certeza a probabilidade de conseguir pelo menos um emprego. Vamos tentar, digamos, 2 mil empregos. Se eu me inscrever em 2 mil vagas, a probabilidade de conseguir pelo menos uma oferta de emprego é: $1 - 0{,}995^{2000} = 0{,}999956$, ou 99,9956%. Portanto, mesmo para quem tem probabilidade mínima de êxito, uma só tentativa pode elevar suas chances a uma certeza quase absoluta, se a pessoa tentar um número suficiente de vezes (e, então, a probabilidade é de conseguir uma *ou mais* ofertas de emprego!).

Continue com tentativas independentes e terá êxito no final!

Há uma história sobre um rapaz que cantava descaradamente todas as mulheres que conhecia. Um amigo perguntou a ele se esse método funcionava.

"Bem, levo muitos tapas", responde, "mas de vez em quando tenho sorte."

O rapaz pode ser um cretino, mas sabe alguma coisa sobre as leis da probabilidade.

Infelizmente, isso funciona tanto para os acontecimentos ruins quanto para os bons. Se a probabilidade de ser atropelado ao atravessar a rua for mínima, basta atravessar ruas suficientes para ser atropelado. (Naturalmente, atravessar ruas não é um evento puramente aleatório, portanto tomar cuidado pode reduzir sua probabilidade de ser atropelado.) No final, para a maioria, a vida não é suficientemente longa para ser atropelado — morremos de outras causas antes disso. Brincadeiras à parte, isso também ajuda a explicar o aumento do índice de câncer de próstata nos Estados Unidos — porque os homens vivem mais, e não morrem de outras causas, a probabilidade de virem a ter esse câncer, incomum antigamente, sobe para mais de 50%. Igualmente, a experiência do setor nuclear, tanto nos Estados Unidos quanto em outros países, demonstra que, mesmo com uma pequena probabilidade de acidente em usina nuclear em qualquer dia específico, ao aumentar o número de dias (e meses e anos) de operação, a probabilidade de acidente também aumenta.

Macacos digitando Hamlet

Levando a argumentação anterior ao limite, tudo que possa acontecer (isto é, cuja probabilidade não seja zero) vai acontecer — se houver oportunidades suficientes. É assim que obtemos resultados grotescos como o exemplo de macacos digitando *Hamlet*. É mínima (muito próxima de zero) a probabilidade de que uma seqüência de letras aleatórias chegue a formar o texto de *Hamlet* de Shakespeare. Na verdade, é possível calcular a probabilidade. Vamos supor que existem 30 tipos de caracteres impressos na nossa língua: 26 letras, vírgula, ponto, ponto-e-vírgula e dois-pontos — ignorando os espaços e as letras maiúsculas; vamos dar uma folguinha ao macaco! A probabilidade de que o animal digite corretamente a primeira letra de *Hamlet*, que é "a" (de: "Ato I"), é de 1/30. Precisamos multiplicar esse número por 1/30 para o segundo caractere digitado pertencer a *Hamlet* (ou seja, a letra "t"). Multiplicamos, em vez de usar a Lei das Uniões, porque precisamos que a primeira letra esteja certa, e a segunda e a terceira etc. Ao continuar a multiplicação dessa maneira para cada um dos 142.943 caracteres da tragédia *Hamlet*, vemos que a resposta é 1/30 elevado à potência de 142.943. Esse número se aproxima muitíssimo de zero — mas não é zero. É mais ou menos 0,0... seguido de mais de *200 mil zeros* e, em seguida, 1. Portanto, se pusermos um macaco diante de um computador e deixarmos o animal digitar eternamente, dividindo o trabalho em seqüências intermináveis de 142.943 caracteres, teremos criado uma seqüência *infinita* de tentativas (cada uma delas composta de 142.943 caracteres), em que procuramos pelo menos um êxito, e este é o texto completo. Usamos a regra das uniões, em que cada probabilidade é a mínima probabilidade de êxito em uma só "tentativa", que seria digitar de uma só vez o número total de caracteres de *Hamlet*. Já que o número dessas seqüências é infinito, podemos demonstrar matematicamente que a resposta converge para 1,00, ou 100%, mesmo que a probabilidade de sucesso de cada tentativa seja mínima. Se lhe dermos tempo infinito (o quanto isso significar), o macaco digitará a tragédia shakespeareana completa. E, mais, digitará a tragédia um número infinito de vezes. E também a digitará um número infinito de vezes de trás para a frente. E em esperanto. Mas o conceito de infinito precisaria de outro livro.

Em 1990, o colega N. Josephy e eu exploramos o que acontece se as tentativas infinitas *não* são independentes entre si. Queríamos, em especial, descobrir o que acontece se a probabilidade de êxito *diminuir* a cada tentativa, mesmo que esse decréscimo seja arbitrariamente pequeno. Nossa pesquisa foi motivada pelo envio de um artigo a uma publicação científica que declarava em seu editorial: "O índice de rejeição de artigos que são enviados para nós é de 86%." Ao ler esta declaração, pensamos: "Ora, se enviarmos 10 artigos a essa publicação, qual é a probabilidade de pelo menos um deles ser aceito?" Naturalmente, sabemos que a resposta é $1 - 0{,}86^{10} = 0{,}7787$, ou quase 78%. Isso presume, é claro, que as tentativas sejam independentes. Também sabemos que se aumentarmos o número de trabalhos enviados à publicação a probabilidade vai acabar subindo até chegar a um valor próximo de 100%. Com um número infinito de envios de artigos ao periódico a probabilidade será igual a 100% (embora mesmo fazendo um número finito de tentativas cheguemos bem próximos de 100%, como vimos em exemplos anteriores). O que nos incomodou na época, porém, foi perceber que na vida real não era possível garantir tentativas independentes numa situação como essa. Depois da terceira ou quarta rejeição, um editor começaria a descartar nossos artigos: talvez piorasse, seríamos a piada do escritório. Calculamos que a probabilidade de aceitação poderia ser de 14% num *primeiro* envio, mas cairia a cada novo envio. Queríamos estudar essa situação teoricamente. O que acontece, perguntamos, se tivermos um número infinito de tentativas (que, se forem independentes, será igual a uma probabilidade de êxito de 100%) — mas com probabilidade ligeiramente decrescente de êxito em cada tentativa? Nossa análise teórica levou a uma descoberta interessante. Sabemos (por exemplo, como no macaco digitando *Hamlet*) que a probabilidade de êxito em uma só tentativa não importa, contanto que não seja zero. Não é preciso ser de 14% nesse exemplo. Mesmo que seja tão pequena quanto $10^{-200.000}$ como no caso do macaco digitando *Hamlet*, se tentarmos *um número infinito de vezes*, a probabilidade de êxito será de 100%. Mas descobrimos que, mesmo com uma probabilidade inicial grande (14%, ou mesmo um número alto, como 90%), se essa probabilidade cair, mesmo que minimamente, de uma tentativa para outra, a probabilidade final de êxito em um número infinito de tentativas será sempre *menor do que 100%*.[8]

É certo, porém, que, com tentativas independentes, quando esse número aumenta, também aumenta a probabilidade de êxito. Esta é uma regra útil e tem um belo princípio: continue tentando e você chega lá! No entanto, como veremos no próximo capítulo, ao apostar contra um cassino muito mais rico do que você, há mais uma regra a obedecer e outro princípio a deduzir.

CAPÍTULO SETE

Passeios aleatórios e a ruína do jogador

PASSEIO ALEATÓRIO É UM CONCEITO DA TEORIA DA PROBABILIDADE cujo nome provém de uma situação imaginária da vida real que representa o movimento puramente aleatório: os passos trôpegos de um bêbado ao redor de um poste. Em uma dimensão, o ébrio dá um passo completamente aleatório para a frente ou para trás; seus passos são independentes uns dos outros. Em duas dimensões, o bêbado anda para a esquerda, ou para a direita, ou para a frente, ou para trás, cada passo, aleatório e independente; dessa maneira podemos encontrá-lo caminhando em qualquer lugar ao redor do poste. Daí provém a expressão *passeio aleatório.*

O passeio aleatório representa muitas situações da vida real, entre elas os jogos de azar e a bolsa de valores.[9] O exemplo mais simples de passeio aleatório é aquele em que se joga repetidamente com uma moeda honesta e conta o número de caras que aparecem, no total, menos o número de coroas. Se o número for zero (isto é, se o número de caras e coroas é igual), então podemos imaginar que o bêbado — caminhando para a frente e para trás — esteja exatamente no poste. Se o número for + 2, por exemplo — ou seja, se há duas caras a mais do que coroas —, então o bêbado estará dois passos adiante do poste; e vice-versa no caso de ser – 2, ou seja, se houver duas coroas a mais do que o número de caras, o embriagado estará dois passos atrás do poste.

Um passeio aleatório

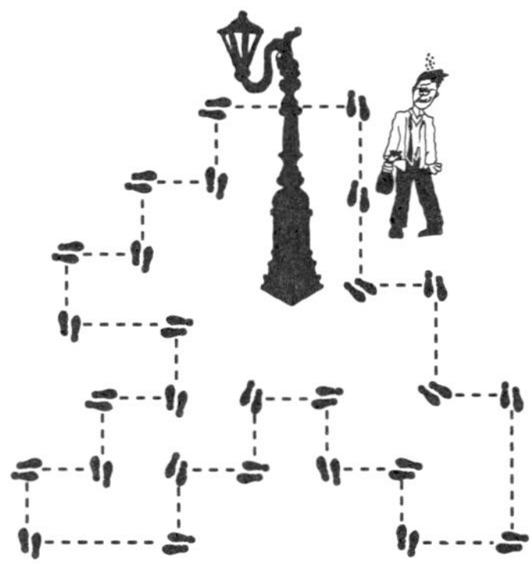

A figura a seguir, reproduzida com autorização do livro clássico de William Feller *An Introduction to Probability Theory and Its Applications*, mostra o resultado de uma seqüência simulada por computador de dez jogadas de uma moeda honesta.[10]

Vale notar uma propriedade interessantíssima do passeio aleatório com probabilidade de 1/2 para cada um de dois resultados. Intuitivamente, cremos que, pelo fato de cada resultado ter igual probabi-

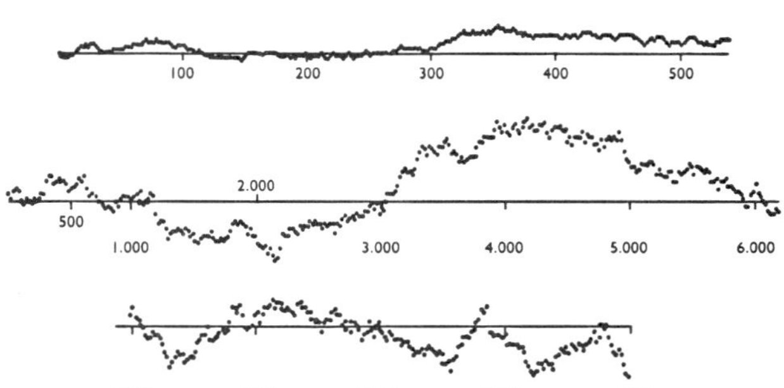

Reproduzido com autorização de John Wiley & Sons, Inc.

lidade, cara ou coroa, deve haver mais ou menos o mesmo número de caras e coroas em qualquer momento. Essa sensação é verdadeira, de fato — mas só em longo prazo. No curto prazo, pode haver muito mais caras do que coroas, ou vice-versa, durante períodos relativamente longos, até que aconteça a passagem da linha do zero. (Vale notar que o primeiro ponto de cruzamento fica mais ou menos a 120 jogadas, e o número de caras é quase sempre maior que o número de coroas mais ou menos entre as jogadas 250 e 550; e, depois, entre 3 mil e 6 mil o número de caras é muito maior do que o número de coroas, e só chega a zero mais ou menos por volta da jogada número 6 mil!) É uma descoberta surpreendente para a maioria. Pode-se provar que esse padrão é matematicamente verdadeiro, em geral, quando aplicado ao comportamento de um passeio aleatório. Se você pensar um pouco nisso, perceberá as fortes implicações do comportamento do passeio aleatório em situações de jogos de azar.

A figura anterior deve bastar para convencê-lo de que, em jogos de azar sucessivos, não gozamos do princípio "continue tentando que você chega lá" do capítulo anterior. O motivo disso é que as tentativas não são gratuitas — temos de pagar por cada aposta. A variável mostrada no gráfico da figura anterior é a nossa sorte a cada ponto, sendo a origem (zero) o ponto de partida. Quando estamos abaixo da linha, perdemos; acima da linha, ganhamos uma quantia igual à diferença entre o número de caras e o de coroas (supondo-se que ganhamos quando sai cara). Na verdade, esse processo pode representar uma das apostas quase igualitárias na roleta: preto ou vermelho, par ou ímpar; 1 a 18 ou 19 a 36. Isso piora o jogo, pois a probabilidade de vencer não é de 1/2, conforme um jogo de par-ou-ímpar idealizado.

Nos cassinos norte-americanos há 36 números vermelhos e pretos, mais um zero verde e um zero duplo. Assim, a probabilidade de ganhar uma única aposta no preto ou no vermelho, no par ou no ímpar, e entre 1 a 18 ou 19 a 36 é igual a 18/38, que é 0,47 ou

47% — menos de 50%. Os cassinos europeus e de outros países são um pouco melhores para os jogadores, pois só têm um zero. Assim, a probabilidade de ganhar uma aposta na roleta é de 18/37, mais ou menos 49%. (Repare que os cassinos europeus cobram a entrada, então eles compensam a vantagem das apostas.) Normalmente, aposta-se uma quantia, digamos, na cor vermelha. Se sair um número preto, ou zero, ou o duplo zero (em um cassino americano), o jogador perde. A probabilidade de perder é, portanto, 1 – 0,47 = 0,53, ou 53%. Assim, quanto mais se aposta, mais se perde em longo prazo. A figura anterior, do passeio aleatório, não representa o jogador, pois esse tipo de passeio sempre se encaminha *para baixo*, porque o cassino tem mais probabilidades de vencer. Há mais informações sobre a roleta no Apêndice.

Vamos supor, no entanto, que o jogo seja justo, ou seja, que eles lançam uma moeda para o alto e o jogador ganha com cara (ou coroa) e, se acontecer o contrário, o cassino ganha. Do mesmo modo, podemos supor um jogo de roleta sem zeros. Um famoso teorema matemático afirma que até assim, quando se joga contra um adversário muito mais rico, como um cassino, havendo apostadores suficientes, o apostador perde *com probabilidade 1* — ou certeza absoluta. Isso se chama *Teorema da Ruína do Jogador*. A matemática necessária para provar esse teorema foge ao alcance deste livro, mas o gráfico da figura anterior dá uma idéia de por que é assim. Repare que, embora o traçado dos dados possa se afastar de zero durante longos períodos de tempo, sempre volta a ele. Zero se chama *estado absorvente* do passeio aleatório.

Jogadas ousadas são ótimas

Então, como se deve jogar, ou, parafraseando o título de um importante livro da matemática das probabilidades, de Lester E.

Dubins e Leonard Jimmy Savage, queremos saber *How to Gamble if You Must* [11] [Como apostar se for preciso].

Já que as probabilidades estão sempre contra nós no cassino, a maioria dos matemáticos e estatísticos aconselha não jogar. Entretanto, fazemos tudo que nos aconselham a não fazer, e Dubins e Savage — que estão entre os maiores especialistas em probabilidade — trataram uma situação na qual a pessoa talvez viesse a apostar. É claro que os autores estavam mesmo interessados em teoria matemática profunda, mas usaram o exemplo do jogo como cenário para construir os resultados. Esta é a história:

Você está certa noite em meio às luzes ofuscantes e a energia pulsante de um cassino de Las Vegas. Tendo estudado a teoria das probabilidades, sabemos que, em geral, jogar não compensa, então não nos interessamos por isso. Mas você tem de apostar. Está com 20 mil dólares, mas não é suficiente; na verdade, esse dinheiro não resolve seus problemas. Ao amanhecer — e deixarei as circunstâncias para sua imaginação — alguém virá pegá-lo. Se até lá você já tiver 40 mil dólares, então estará tudo certo; mas, se não tiver toda essa quantia... bem, digamos que estará numa tremenda encrenca. O que você deve fazer?

A questão agora não é se deve ou não jogar, mas, pelo contrário, *como* jogar. É preciso. Portanto, os fatos de que, em geral, jogar resulta em perda de dinheiro e de que a sorte joga contra você não entram aqui. O que você deve fazer é dar um jeito de elevar ao máximo suas chances de ter 40 mil dólares até o amanhecer. De todas as apostas erradas que pode fazer (erradas porque, em geral, reduzem sua fortuna), você precisa descobrir a estratégia que será "menos ruim" — a estratégia que lhe dará maior probabilidade de atingir seu objetivo.

Temos duas estratégias radicais nesse momento e o restante delas se situa entre esses dois casos extremos. A primeira estratégia, obviamente, é se dirigir à roleta mais próxima (nossa história se limita à roleta), apostar seus 20 mil dólares no preto, fechar os olhos e rezar... e, se ganhar, parar de jogar imediatamente e aguardar o encontro ao amanhecer. Qual é a probabilidade de arranjar os 40 mil dólares necessários se seguir essa estratégia? Você terá apostado apenas uma vez, e sabemos que (nos cassinos de Las Vegas ou em qualquer outro cassino dos Estados Unidos) a probabilidade de vitória é de 18/38, ou seja, 47%. Vamos chamar essa estratégia de *jogo ousado*, pois você, com ousadia, apostou todo o seu dinheiro, em vez de guardar um pouco como reserva.

A estratégia do outro extremo se chama *jogo cauteloso*. Nessa estratégia (há uma noite inteira para jogar), você aposta o mínimo a cada jogo: põe 1 dólar no preto ou no vermelho. Qual é a probabilidade de chegar a 40 mil dólares até o amanhecer com essa estratégia?

Em seu livro, Dubins e Savage elaboram a fórmula das probabilidades desse tipo de jogo. A probabilidade de chegar a uma fortuna de tamanho $m + n$, começando com uma fortuna de tamanho m por meio de uma série de apostas de uma unidade de cada vez, é dada por P. Na fórmula, p representa a probabilidade de ganhar uma aposta, e q, que é $1 - p$, é a probabilidade de perder uma aposta. A fórmula da probabilidade de atingir o objetivo de $m + n$ dólares é:

$$\frac{1-(q/p)^{m}}{P=1-(q/p)^{m+n}}$$

Neste exemplo, $m = 20.000$ e $n = 20.000$; temos que $p = 18/38$ e $q = 20/38$. Logo:

$$\frac{1-(20/18)^{20.000}}{P=1-(20/18)^{40.000}}$$

Já que é muito difícil calcular isso, vamos examinar uma estratégia intermediária. Suponhamos que escrevemos os números dessa fórmula em milhares, e que cada aposta é de mil dólares. Assim, é esta a fórmula da probabilidade de atingir a meta de 40 mil dólares apostando mil dólares de cada vez:

$$\frac{1-(20/18)^{20}}{P=1-(20/18)^{40}}=0{,}11$$

A probabilidade, portanto, é de apenas 11%, o que é *menos que 1/4* da probabilidade de ganhar pelo método ousado. Se você quiser, pode usar um computador para avaliar a probabilidade de apostar 1 dólar de cada vez — verá que é muito menor do que 11%. Assim, sob qualquer ponto de vista, a aposta ousada é a melhor possível.

O fato de o jogo ousado ser ótimo tem uma razão intuitiva. Já que as leis da probabilidade geralmente funcionam contra nós nos jogos de cassino (digo *geralmente* porque, se conseguir contar as cartas com precisão no blackjack, talvez tenha vantagem; mas a maioria dos cassinos dificulta muito essa contagem hoje em dia), a estratégia que minimiza sua exposição à injusta vantagem da casa é a mais favorável. Em outras palavras, quanto menos você joga, melhor.

E quanto a dobrar a aposta quando se perde?

Existe uma propriedade matemática de seqüências e séries de números que prova que, para qualquer número inteiro positivo n, a soma dos números $1 + 2 + 4 + 8 + ... + n = 2n - 1$. Experimente: $1 + 2 = 2(2) - 1$; $1 + 2 + 4 = 2(4) - 1$; $1 + 2 + 4 + 8 = 2(8) - 1$ e assim por diante. Quando as pessoas descobriram esse truque matemático, há muito tempo, viram nele um método de jogo "à prova de erros": dobre a aposta sempre que perder e, quando ganhar, estará com uma ficha a mais!

Um exemplo demonstra isso. Vamos supor que eu aposte 1 dólar. Se perder, apostarei 2 dólares (dobrarei o dólar inicial). Se ganhar, terei 4 dólares, mas terei investido apenas 3 dólares: 1 na primeira aposta e 2 na segunda. Vamos supor que eu perca três vezes seguidas, dobrando as apostas todas as vezes. Então o meu investimento será de 1 + 2 + 4 = 7. Dobro mais uma vez, apostando 8 dólares. Se ganhar, terei 16 dólares, mas só terei investido 1 + 2 + 4 + 8 = 15, portanto continuarei com 1 dólar a mais!

Mas nada nos cassinos é à prova de erros, senão todos iriam à falência e se transformariam em asilos para matemáticos idosos (ou algo do gênero). O problema desse sistema de apostas é que existe a possibilidade de haver uma seqüência de perdas tão longa que todo o dinheiro acabe e não seja possível continuar apostando. E, quando isso acontece, é bem possível que a perda seja enorme; dobrar a aposta leva a valores altos rapidamente — na décima perda, presumindo-se que usemos fichas de 10 dólares, já estaremos com um déficit de 10 mil. Você ficará tranqüilo ao jogar 10.048 dólares em um único giro da roleta? E antes de dizer "Dez perdas seguidas? Isso *jamais* acontecerá!", lembre-se do que aprendemos com os macacos digitando *Hamlet*: com repetições suficientes, tudo pode acontecer. É por isso que a estratégia de dobrar perde com toda certeza, e porque Las Vegas, Monte Carlo e Atlantic City ainda estão em atividade.

Mas... devo admitir que já usei o método de dobrar e ganhei pequenas quantias. Conforme o paradigma do *jogo ousado* deve ter ensinado, o segredo do jogo bem-sucedido é saber quando parar. Cerca de 12 anos atrás, minha esposa, Debra, e eu viajamos de férias para a ilha de Malta no Mediterrâneo. Malta tem um elegante cassino construído numa faixa de terra que se projeta mar adentro, e toda noite íamos lá. Eu fazia minhas apostas em múltiplos de mais ou menos 20 dólares na moeda local. *Assim que eu ganha-*

va uma vez, saíamos do cassino. Se eu perdesse a primeira aposta, apostava 40 dólares; e, se perdesse de novo, 80. No decorrer da semana que passamos ali, em nenhum momento me faltaram 160 dólares. E toda noite, assim que eu ganhava e ficava com 20 dólares a mais, saíamos do cassino e não voltávamos. Íamos, então, para um ótimo restaurante com vista para o porto e pedíamos um maravilhoso jantar, pago com o que havia ganho. Quando você aposta pequenas quantias e limita a exposição aos riscos, pode ganhar. Mas nós tivemos uma sorte razoável.

COMO MENCIONAMOS ANTERIORMENTE, OS PASSEIOS ALEATÓRIOS também podem ser aplicados à bolsa de valores. O movimento de alta ou baixa de determinada ação é definido pelas variações da sorte. Naturalmente, a teoria econômica nos diz que os valores das ações de empresas de capital aberto devem subir quando as empresas lucram e a economia cresce. Isso costuma ser verdade, mas em períodos curtos, até mesmo de alguns anos de cada vez — como vemos acontecer com o índice Dow Jones desde 2000 —, a situação econômica pode estar pior do que se esperava e os mercados de ações de empresas de capital aberto podem cair. Seja como for, a sorte é personagem importante na bolsa, portanto até nos períodos de crescimento do mercado, os movimentos diários, os movimentos horários e os movimentos instantâneos dos preços das ações são aleatórios. Já que os valores de acréscimo ou decréscimo não são, obrigatoriamente, de 1 dólar (ou uma unidade inteira) por vez — podem ser menores ou maiores (bem como por outros motivos ligados a negociações que aconteçam durante um período, e não com intervalos distintos) —, a hipótese do passeio aleatório foi aperfeiçoada e se tornou um processo físico chamado *movimento browniano*. O modelo do movimento browniano é emprestado da física, e descreve os movimentos das partículas de poeira ou de fumaça, constantemente atingidas pelas moléculas do ar, que recuam em direções aleatórias e para distâncias aleatórias. O gráfico dos movimentos de determinada ação em uma hora, um dia, ou uma semana, revela esse padrão. Os modelos matemáticos complexos que exploram essa descrição da movimentação das ações — o mais bem-sucedido deles é o Modelo de Preços de Opções de Black-Scholes — são usados com algum êxito. O passeio aleatório, com ou sem desvio para cima que descreva o crescimento geral da economia, e os modelos do movimento browniano são modelos de aleatoriedade. No próximo capítulo, vamos explorar a idéia de aleatoriedade e testar seu significado.

CAPÍTULO OITO

O que é aleatoriedade?

VOCÊ ENTRA NUM BAR E FICA ATENTO À OCUPAÇÃO DOS 20 BANCOS. Representando um assento ocupado com a letra "S" e um assento vazio com a letra "e", você vê o seguinte:

SeSeSeSeSeSeSeSeSeSe

Você acha que os freqüentadores do bar escolheram os acentos de maneira aleatória?[12]

A maioria diria não. O motivo é o bom senso: qualquer um percebe que há um assento vazio entre cada duas pessoas. Esse é, claramente, um grupo de pessoas que não se conhecem, pois nenhuma delas quer se sentar ao lado da outra.

Vamos supor, por outro lado, que as mesmas dez pessoas do bar ocupam assentos da seguinte maneira:

eeeSSSSSSSSSSeeeeeee

Alguém acreditaria que essas pessoas fizeram escolhas puramente aleatórias?

Mais uma vez, a resposta lógica é "não". Esse é, claramente, um grupo de amigos que chegaram juntos — ou talvez estejam todos se acotovelando diante de um aparelho de tevê para assistir a um jogo.

Que tal o próximo caso?

SeeeSSeeSSSeSSeeeSSe

É possível, nesse caso, que os assentos tenham sido escolhidos puramente ao acaso, isto é, sem que alguém tenha procurado se sentar ao lado de outra pessoa ou não. Mas é bem provável que os acentos estejam ocupados por uma pessoa solitária, três pares de amigos e três amigos sentados juntos.

É importante salientar que o primeiro grupo de 20 elementos de dois tipos (S e e) poderia talvez ter se organizado assim por acaso, e também o segundo. Mas a *probabilidade* de que o primeiro e o segundo grupos sejam aleatórios é muito pequena. No terceiro grupo, o puro acaso é bem mais provável. Como saber quando algo é aleatório e quando não é? Existe um teste estatístico que pode revelar se há aleatoriedade, dada a probabilidade de que a afirmação seja correta. Ele está em livros de estatísticas, e se chama *teste de aleatoriedade.*[13] No primeiro caso, em que cada pessoa está separada da outra por um assento vazio, o teste nos leva a crer que a organização *não* é aleatória. A probabilidade de que uma seqüência dessas tenha surgido por puro acaso é inferior a 0,001, ou seja, menos do que 1/10 de 1%! O mesmo acontece no segundo caso, em que todos estão sentados juntos. No terceiro caso, não se pode rejeitar a hipótese de aleatoriedade, a menos que alguém esteja disposto a aceitar uma probabilidade muito alta de estar errado (mais de 80%). Essas probabilidades numéricas provêm de tabelas estatísticas encontradas em livros sobre inferências estatísticas práticas. O importante aqui é que os arranjos que não parecem aleatórios provavelmente não o sejam, e vice-versa. A propósito, podemos usar o teste de aleatoriedade para definir se os números aleatórios gerados por diversos mecanismos são, de fato, aleatórios. Nesses testes, os dígitos recebem os rótulos de par ou ímpar, dando-nos situações idênticas à anterior, nas quais os elementos são classificados em dois grupos.

*Por que o que é bom acontece de três em três?**

Como vimos nas seqüências anteriores — e no gráfico do passeio aleatório no capítulo anterior — a aleatoriedade não costuma resultar em ordem nenhuma. No caso do passeio aleatório, a moeda que ao ser jogada tem 50% de probabilidade de resultar em cara ou coroa nem sempre cai da maneira organizada CaCoCaCoCaCo; pelo contrário, como demonstra o gráfico da soma de caras e coroas, isso pode se desviar e voltar à linha do zero só depois de longos — até mesmo *muito longos* — períodos de tempo. Da mesma maneira, no exemplo anterior, do arranjo aleatório de itens de dois tipos, é bem improvável que os elementos apareçam por acaso no formato SeSeSeSe... etc. Então, o que temos é o seguinte:

> A pura aleatoriedade leva à agregação parcial (e quase sempre inesperada).

Vejamos o terceiro caso dos bancos do bar. Temos o arranjo:

SeeeSSeeSSSeSSeeeSSe

Vamos supor que após 20 dias na vida de alguém haverá dez acontecimentos bons e dez ruins. É bem improvável que eles se alternem com perfeição: bom, ruim, bom etc. É muito mais provável,

* "Good things happen in threes" é dito popular nos países de língua inglesa e não tem equivalente em português. (*N. do T.*)

segundo as regras do acaso, que ocorra alguma agregação — embora nunca perfeita. Se os acontecimentos forem simbolizadas por um "e", então o arranjo nos dá uma boa explicação gráfica da máxima "O que é bom acontece de três em três".

Naturalmente, há outros motivos para o uso desse dito popular. Quando há três acontecimentos bons seguidos, a pessoa diz: "Viu? O que é bom acontece de três em três!" (Em vez de esperar que haja, talvez, um quarto acontecimento bom, provando nesse caso em especial que, na verdade, o que é bom acontece de quatro em quatro e não de três em três.) E talvez ninguém perceba quando acontecem de dois em dois, e não de três em três, ou quando há acontecimentos ruins de três em três. A questão, porém, é que existe uma razão da teoria da probabilidade para *algum tipo de agrupamento* de acontecimentos bons ou ruins, e que o ditado sobre o que é bom acontece de três em três é reflexo desse fenômeno estatístico. No Capítulo 11, vamos explicar outro fenômeno percebido pelas pessoas — a persistência da sorte, seja boa ou má.

CAPÍTULO NOVE

O Triângulo de Pascal

O GRANDE FILÓSOFO E MATEMÁTICO FRANCÊS BLAISE PASCAL, QUE no século XVII ajudou Chevalier de Méré a entender algo sobre as probabilidades nos jogos de azar, e elaborou com Pierre de Fermat os elementos fundamentais da teoria moderna das probabilidades, fez uma descoberta interessante. Nomeada atualmente de Triângulo de Pascal, ela é mais ou menos assim:

1
1 1
1 2 1
1 3 3 1
1 4 6 4 1
1 5 10 10 5 1
. . . .
. . . .

Como vemos, o triângulo é montado com base no princípio de que todo número nele contido é a soma dos dois números acima dele. Onde não há números, presumimos que o valor seja zero. Por economia de espaço, nós o encerramos após seis linhas, mas ele é, naturalmente, infinito. O triângulo tem muitas propriedades interessantes, algumas relativas a números primos e outras aplicações da matemática pura; e, na teoria das probabilidades, pode ser usado para obter os coeficientes de algo que é conhecido como "distribuição binomial". Mas o que nos interessa aqui é uma aplicação ainda mais simples do famoso triângulo.

O Triângulo de Pascal nos oferece um modo de calcular as probabilidades do número de caras ou coroas em qualquer número de jogadas de moeda (ou a quantidade de meninos e meninas em qualquer número de filhos de um casal; ou quaisquer fenômenos de probabilidades iguais). Vejamos como funciona.

Vamos ignorar o "1" do topo do triângulo, pois ele é usado apenas como origem dos outros números. Examinando a segunda fila do triângulo, vemos os números 1 e 1. Isso representa o fato de que, se jogarmos a moeda uma vez, as probabilidades de cara e coroa são 50%. A fila seguinte do triângulo — 1 2 1 — representa o fato de que, se jogarmos a moeda duas vezes, teremos uma chance em quatro de não tirar cara, duas em quatro de tirar cara e uma em quatro de tirar cara duas vezes (naturalmente, o mesmo se aplica à coroa). Com o mesmo raciocínio, na fileira seguinte temos que, em três jogadas de uma moeda honesta, há uma chance em oito de não tirar cara, três chances em oito de tirar cara uma vez e uma chance em oito de tirar cara três vezes (repito, o mesmo se aplica à coroa). A última fileira do triângulo nos informa que, se jogarmos a moeda cinco vezes, haverá uma chance em 32 de não tirar cara, cinco em 32 de tirar cara uma vez, dez em 32 de tirar cara duas vezes, dez em 32 de tirar cara três vezes, cinco em 32 de tirar cara quatro vezes e uma em 32 de tirar cara cinco vezes. Se as probabilidades de haver menino e menina forem iguais, então, segundo o Triângulo de Pascal, apenas uma em cada 32 famílias com cinco filhos terá apenas meninos ou apenas meninas.

Devemos perceber uma propriedade interessante das probabilidades que é evidente quando inspecionamos os números do triângulo mágico de Pascal: quando aumenta o número de tentativas (jogadas da moeda), a probabilidade de resultados iguais se torna menor! Assim, a probabilidade de obter 50% de caras e 50% de coroas (ou de filhos e filhas) diminui. A partir da penúltima fileira, em especial, vemos que, em quatro jogadas, a probabilidade de obter cara duas vezes e coroa duas vezes é de apenas 6/16. Basta acrescentar uma fileira à tabela para ver que, em seis jogadas de uma moeda honesta, só há 20/64 de probabilidade de sair um número igual de caras e coroas. Experimentemos isso com um número maior de jogadas. Se jogarmos uma moeda 12 vezes, a probabilidade de metade dos resultados ser cara e a outra metade, coroa, fica abaixo de 23%.

CAPÍTULO DEZ

O paradoxo da inspeção

O PARADOXO DA INSPEÇÃO É UM DOS MEUS TEMAS FAVORITOS NA teoria das probabilidades. Vamos começar com a boa sorte. Ao comprar uma lâmpada, lemos na embalagem de papelão: "Duração média: 2 mil horas."[14] Mas você *sabe* que a lâmpada do abajur da sua mesa já dura mais de um ano. A média declarada de 2 mil horas, usando durante oito horas por dia, resulta em 250 dias. E você usa essa lâmpada oito horas por dia há um *ano*, o que é muito mais do que 250 dias. O que está havendo? Os fabricantes de lâmpadas subestimam o número médio de horas que suas lâmpadas duram?

Agora vamos falar da persistência do azar. As empresas de ônibus informam que o ônibus nº 57, que pára a uma quadra da sua casa, passa de dez em dez minutos.

— Então, quando vou para o ponto do ônibus — diz você — chego, em média, no meio de um intervalo de dez minutos entre os ônibus.

É uma hipótese razoável. Assim, por essa lógica, você deveria esperar, em média, exatamente cinco minutos até o ônibus chegar. Mas *sabe* que ele quase nunca demora apenas cinco minutos. Todos esperamos mais do que imaginávamos. Às vezes, esperamos até 20 minutos por esse ônibus! O que está acontecendo? Por que sempre temos azar quando estamos esperando ônibus?

Há, também, a lanterna que você guarda na garagem. Talvez não tenha percebido, mas quando comprou pilhas para ela a embalagem dizia que duram um total de três horas, em média. Mas você *sabe* que usou essa lanterna bem mais do que três horas. O que está acontecendo?

Por fim, há um exemplo que talvez você não estivesse esperando. Sabe qual é a média da longevidade das pessoas do seu sexo no seu país? (Nos Estados Unidos, é de 78 anos para as mulheres e 74 para os homens.) Mas há *grandes* possibilidades de que você viva mais que a média.

Os EXEMPLOS ANTERIORES SÃO MANIFESTAÇÕES DO *PARADOXO DA Inspeção*. Esse paradoxo surge quando *inspecionamos* algum processo aleatório. No primeiro exemplo, você inspeciona a lâmpada. Antes da inspeção, isto é, antes de usar a lâmpada, a duração média da lâmpada é um certo número — neste caso, 2 mil horas. Mas vamos pensar um pouco: essa média declarada contém as probabilidades de que a lâmpada queime em sua primeira hora de operação (sua primeira semana, seu primeiro mês etc.). Mas a sua lâmpada — aquela que você está usando agora — já resistiu, passou do primeiro dia, da primeira semana e do primeiro mês. Não pode mais queimar em momento nenhum anterior ao presente; por conseguinte, sua vida total estimada é *mais longa* do que aquela de uma lâmpada que você acabou de comprar. Mas você diz:

— Qual é a diferença entre a lâmpada que comprei agora e a que está no meu abajur?

Existe uma diferença. A diferença é a inspeção: você inspeciona a lâmpada que está no seu abajur. Essa lâmpada já durou e não pode, portanto, queimar em idade mais jovem do que a sua atual. O mesmo se aplica às pilhas — e à vida da gente. A pessoa hoje viverá, em média, mais do que a longevidade esperada para seu sexo, nacionalidade, etnia ou qualquer outra categoria. (Observe que a nossa conversa não tem relação alguma com o aumento da expectativa de vida proporcionada pelo progresso da medicina ou da tecnologia — na verdade, poderíamos viver em uma sociedade com expectativa de vida *em declínio* e ainda viver, em média, mais tempo do que a longevidade esperada.) O motivo desse aparente paradoxo é que a expectativa de vida útil de pessoas ou objetos que já iniciaram sua vida — por exemplo, você — é maior do que a de algo que ainda vai nascer, ainda suscetível à morte ou à falha de uma causa à qual você já sobreviveu. Por exemplo, alguém que esteja vivo hoje não pode mais morrer por causa da mortalidade infantil; e a pessoa de 90 anos de idade não pode mais morrer aos 75. Mas a melhor maneira de entender o paradoxo da inspeção é examinar o exemplo da espera do ônibus.

Vamos supor que chegam ônibus de dez em dez minutos, em média. Mas, às vezes, o ônibus demora mais para chegar e, outras vezes, menos. A média é de dez minutos. Vamos traçar um gráfico de alguns desses intervalos entre as chegadas do ônibus.

Períodos entre a chegada do ônibus

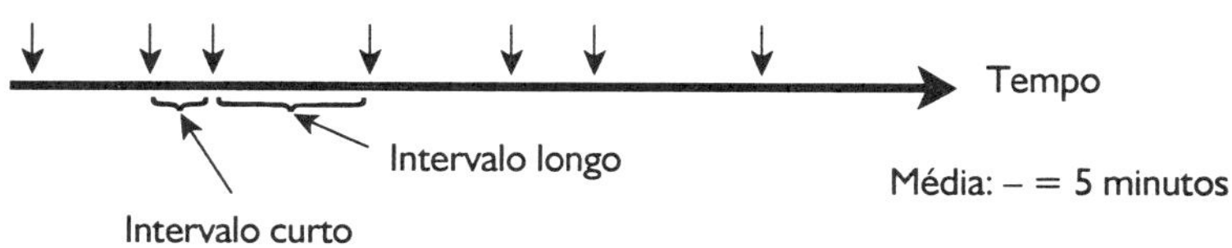

Vemos na figura que alguns dos intervalos entre a chegada de dois ônibus são longos e outros são curtos, mas o intervalo médio é ainda de dez minutos. Digamos agora que você chegou ao ponto do ônibus no meio de um desses intervalos; como vemos, é bem mais provável que chegue no meio de um intervalo *longo* do que no meio de um intervalo *curto*. E, por conseguinte, o nosso paradoxo. A sua espera média — antes que você vá para o ponto de ônibus — é, de fato, de cinco minutos; porém, já que é mais provável que você chegue durante um intervalo longo, a tendência é esperar mais do que o previsto.

O PARADOXO DA INSPEÇÃO TAMBÉM SE MANIFESTA EM OUTRAS FORmas, e é melhor estarmos preparados para tomar cuidado com os danos que ele pode causar. Há alguns anos, uma pesquisa concluiu que a longevidade masculina era maior no Japão, seguido por Israel, onde se afirmava que a expectativa média de vida era de 76,7 anos. Fui criado lá e essa estatística não fez muito sentido para mim quando soube dela. Israel, com seus fumantes inveterados e barrigudos, era a segunda no mundo em longevidade masculina? Havia algo errado. O culpado era o paradoxo da inspeção.

Matematicamente, o paradoxo da inspeção afirma que a distribuição das probabilidades de uma quantidade que já iniciou sua vida se deslocam, levando a uma média mais alta do que se esperaria. Ou seja, quando vamos ao ponto de ônibus, a distribuição dos intervalos entre chegadas de ônibus já começou. Isso não seria verdade se chegássemos no momento exato em que víssemos um ônibus passando — pois a distribuição entre chegadas de ônibus estaria recomeçando naquele momento. Porém, já que o ônibus já se foi há algum tempo, no momento em que chegamos ao ponto, a distribuição já começou, e (conforme se pode provar matematicamente) sua espera *adicional prevista* (ou média), desde que o último ônibus partiu, é mais longa do que o intervalo médio entre chegadas de ônibus. Da mesma maneira, no caso da longevidade, a média deve ser a expectativa média de vida do *nascimento à morte*. Numa população estática, é uma reflexão correta de quanto tempo o homem ou a mulher pode esperar viver em média. O Japão é um exemplo de país com uma população assim. Mas Israel não é.

Israel é um país cuja população consiste em uma grande porcentagem de imigrantes. Os imigrantes distorcem as estatísticas de longevidade para cima. O motivo é simples: um imigrante, que chega ao novo país com determinada idade, não pode morrer com idade anterior à atual. Examinemos um caso radical. Vamos supor que existe um país onde todos são imigrantes e todos chegam lá aos 80 anos de idade. Está claro que esse país terá uma longevidade inflacionada — uma idade superior aos 80 anos. Porém, mesmo que todos os imigrantes cheguem aos seis meses de idade, eles ainda elevam artificialmente a longevidade, pois não podem mais fazer parte das estatísticas de mortalidade infantil. A distribuição da vida do imigrante é igual à distribuição de vida das durações de espera pelo ônibus: depois de iniciada, é mais longa, em média, do que aquela de uma pessoa que acaba de nascer. Quando uma alta porcentagem da população de determinado país é de imigrantes, ele tem longevidade inflacionada.

CAPÍTULO ONZE

O problema do aniversário

UM DOS RESULTADOS MAIS SURPREENDENTES DA TEORIA DA PROBABILIDADE é que às vezes achamos que determinado evento deve ser raro, quando, na realidade, é muito mais provável do que imaginamos. Vimos alguns exemplos dessa observação no nosso estudo dos passeios aleatórios, por exemplo.

Mas o exemplo mais marcante disso é o *problema* da comemoração *de aniversário.* Isto é algo que você pode testar em casa. Junte um grupo de pessoas numa sala e pergunte a elas quando fazem aniversário. *A priori*, é possível imaginar que será difícil encontrar duas pessoas que fazem aniversário no mesmo dia. O ano tem 365 dias, e é de se esperar que, com tantas possibilidades de aniversário, não deveria haver tanta agregação. Quando a primeira pessoa "escolhe" um dia, a segunda pessoa ainda tem 364 opções de aniversário que não coincidam com a da primeira pessoa. E a terceira pode "escolher" entre 363 dias sem colidir com a pessoa anterior e assim por diante. Parece que com 365 "caixas" para bolas correspondentes às pessoas existem opções demais para que uma caixa contenha duas ou mais bolas.

Mas, surpreendentemente, a natureza não funciona assim. Dê uma festa com 20 pessoas ou mais, e se fizer isso toda semana, descobrirá que mais ou menos *metade das vezes* terá a coincidência: duas pessoas que fazem aniversário no mesmo dia! Experimente.

Bolas caindo nas caixas

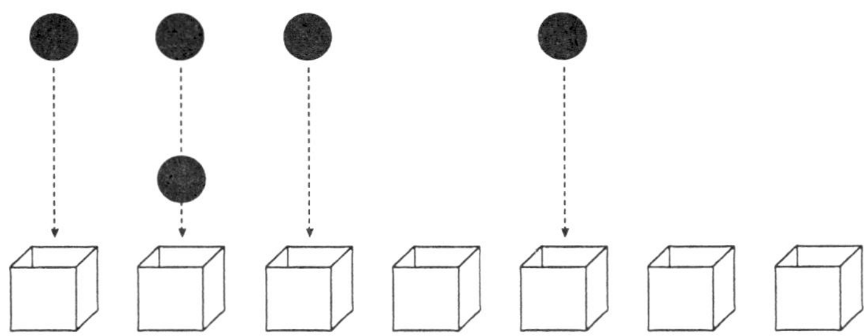

Por que o acaso funciona assim? Bem, vamos calcular as probabilidades. Já sabemos algo sobre o cálculo das probabilidades. A probabilidade que procuramos é a da união de eventos independentes, pois a data de nascimento de cada pessoa é independente das outras. Sabemos que a probabilidade de *pelo menos uma coincidência* de aniversários é igual a 1– a probabilidade de *nenhuma coincidência*. Agora a probabilidade de que a segunda pessoa escolhida não faça aniversário no mesmo dia que a primeira é 364/365 (há 364 caixas vazias depois que uma delas é preenchida pela primeira pessoa que você escolheu "inspecionar"). Agora, a probabilidade de que a terceira pessoa que você escolher não faça aniversário no mesmo dia que as duas primeiras é de 363/365 (pois se as duas primeiras não coincidiram, então há 363 caixas vazias e duas cheias) e assim por diante. Porém, com exatamente 23 pessoas na sala, a probabilidade de pelo menos uma coincidência é... bem, vamos ver:

> P (pelo menos uma coincidência de aniversários) = 1 – (364/365 × 363/365 × 362/365 × 361/365 × 360/365 × 359/365 × 358/365 × 357/365 × 356/365 × 355/365 × 354/365 × 353/365 × 352/365 × 351/365 × 350/365 × 349/365 × 348/365 × 347/365 × 346/365 × 345/365 × 344/365 × 343/365) = 0,5073, ou seja, uma probabilidade de mais de 50%!

Assim, com apenas 23 pessoas numa sala, e 365 dias no ano, há uma possibilidade muito boa de que duas pessoas façam aniversário no mesmo dia. Essa é uma descoberta notável, e surpreende há muitas décadas. E, ainda mais surpreendente, quando há 56 pessoas na sala, a probabilidade de que pelo menos duas pessoas façam aniversário no mesmo dia é de 99%! Como podemos nos aproximar tanto da certeza quando só há 56 pessoas e um total de 365 dias possíveis no ano? Parece que o acaso funciona de maneiras misteriosas. Se você tiver 365 caixas abertas dentro das quais jogará, aleatoriamente, 56 bolas, há 99% de probabilidade de que haverá pelo menos duas bolas em pelo menos uma das caixas. Por que isso acontece? Ninguém sabe. A inclinação natural é pensar que, por haver mais de 300 caixas vazias depois que as 56 bolas foram jogadas, não haverá duas bolas dividindo a mesma caixa. A matemática diz o contrário, e a realidade acompanha a matemática. Na natureza, encontramos muito mais agregação — em razão de pura aleatoriedade, e não apesar dela — do que esperaríamos.

Os matemáticos elaboraram fórmulas para calcular o número de "bolas" necessárias para possibilidades iguais (probabilidade de 50%) e para a probabilidade de 95% de pelo menos uma coincidência, seja qual for o número de categorias, ou "caixas".[15] Essas estimativas são bem simples de se calcular e boas substitutas do cálculo dos produtos que usamos anteriormente.

> 1,2 multiplicado pela raiz quadrada do número de categorias resulta no número de "bolas" necessárias para probabilidades iguais de que pelo menos duas tenham a mesma característica.

E:

> 1,6 multiplicado pela raiz quadrada do número de categorias resulta no número de "bolas" necessárias para a probabilidade de 95% de que pelo menos duas tenham a mesma característica.

Assim, $1,2 \times (\sqrt{365}) = 22,926$, igual ao resultado do nosso cálculo direto anterior, ou seja, com 23 pessoas há uma probabilidade superior a 50% de que pelo menos uma faça aniversário no mesmo dia que outra.

E, para que haja 95% de probabilidades de que pelo menos uma pessoa faça aniversário no mesmo dia da outra, temos $1,6 \times (\sqrt{365}) = 30,57$. Assim, se houver 31 pessoas numa sala, é de 95% a probabilidade de pelo menos um aniversário compartilhado.

As fórmulas acima são gerais e podem ser usadas com qualquer número de categorias (neste caso, essas categorias ou caixas representam os dias do ano). Vamos supor que queremos saber o número de pessoas necessárias para termos 50% de probabilidades de que duas pessoas façam aniversário na mesma semana. O número de categorias neste caso é 52, uma vez que temos 52 semanas por ano. Para probabilidades iguais, temos $1,2 \times (\sqrt{52}) = 8,65$. Assim, se houver nove pessoas juntas, a probabilidade é de 50% de que pelo menos duas tenham nascido na mesma semana do ano.

As categorias (as caixas dentro das quais as bolas caem) podem ser qualquer uma. Vamos supor que há 10 mil categorias. Elas poderiam ser, por exemplo, combinações do seu aniversário e da sua profissão (se houver 28 profissões; pois 28 multiplicado por 365 é um pouco mais que 10 mil). É um número imenso de possibilidades. A questão é: quantas pessoas reunidas em uma sala proporcionariam 50% de probabilidades e quantas nos dariam 95% de probabilidade de encontrar uma coincidência?

$1,2 \times (\sqrt{10.000}) = 120$ para a probabilidade de 50%;

e

$1,6 \times (\sqrt{10.000}) = 160$ para a probabilidade de 95%.

Esses resultados nunca deixam de me admirar. Se há 10 mil possibilidades, e reunimos só 160 pessoas em uma sala — isto é, só 1,6%

do número total de possibilidades —, haverá 95% de probabilidade de encontrar pelo menos uma coincidência. Matematicamente, é claro, vemos que quando aumenta o número de possibilidades, o número de pessoas necessárias para a probabilidade de 50% ou de 95% sobe mais devagar — na forma de raiz quadrada do número de categorias.

O problema do aniversário, com todas as suas expansões acessórias, é um problema de coincidências *agregadas*. Se dissermos que num grupo de 23 pessoas é de 50% a probabilidade de que pelo menos duas façam aniversário no mesmo dia, não dizemos quais deverão ser essas duas. E, na verdade, é por essa razão que a probabilidade é tão alta. Há muitas maneiras possíveis de ocorrer uma agregação. Não especificamos qual caixa conterá duas bolas, apenas há uma probabilidade alta de que pelo menos *uma* delas contenha duas ou mais bolas. Se, por exemplo, você quisesse saber qual é a probabilidade de que em um grupo de 23 pessoas, você incluído, pelo menos uma faça aniversário no mesmo dia que *você*, essa probabilidade — por incluir você no resultado desejado, em vez de estar aberta a quaisquer duas pessoas — será muito menor do que 50%. Vamos calcular:

Sabemos como fazê-lo: é a probabilidade da união de eventos independentes.

P (pelo menos uma das 22 pessoas restantes na sala faz aniversário no mesmo dia que eu) = 1 – P (todos neste grupo fazem aniversário em outro dia) = 1 – $(364/365)^{22}$ = 1 – 0,94 = 0,06, ou apenas 6%! Com cem pessoas na sala, a probabilidade de que uma faça aniversário no mesmo dia que você é de apenas 24%. E com 365 pessoas na sala essa probabilidade *ainda* é de 63%. A probabilidade é quase a mesma se houver 366 pessoas na sala: ainda apenas 63%. Vale notar, porém, que com 366 pessoas na sala a probabilidade de coincidência entre *quaisquer* duas pessoas — ou seja, o problema original do aniversário — é de 100%.

CAPÍTULO DOZE

Coincidências

QUANDO TRATAMOS DA PROBABILIDADE DE QUE ALGUÉM FAÇA ANIversário no mesmo dia que você, entramos no domínio das coincidências — aqueles fantásticos eventos aleatórios que nos empolgam quando acontecem em nosso cotidiano. Acontecem a todos nós. "O que significam?", perguntamos a nós mesmos. Na verdade, procuramos coincidências. Você é de Libra? É de Denver? Fazemos estas perguntas para, de fato, descobrir algo em comum; mas também as fazemos porque atribuímos poder ou misticismo às coincidências. Todos têm uma boa história a respeito de uma.

A mais notável coincidência da minha vida aconteceu há uns oito anos, quando saí de minha casa em Boston para ir a Chicago me encontrar com Scott Isenberg, o editor novo que seria o responsável pelo meu livro didático de estatística. Estávamos num restaurante, conversando sobre o livro, e nos conhecendo.

— Sou da Califórnia — disse Scott.

— Minha mulher também — respondi.

Isso, naturalmente, era um fato trivial, pois a Califórnia tem 30 milhões de habitantes. Continuamos a conversa falando de outras coisas; depois de algum tempo, Scott disse:

— Quando eu era criança, havia laranjais na Califórnia... agora há apenas condomínios.

— Que interessante — disse eu —, minha mulher também fala desses laranjais.

Ele acenou afirmativamente com a cabeça e mudou de assunto. Um pouco mais tarde, ele disse:

— Isso é bem diferente de como eram as coisas quando eu estava no ensino médio...

— Engraçado — disse eu —, minha mulher fala o mesmo sobre o colégio dela.

Ele me olhou e perguntou:

— Em qual colégio ela estudou?

— Pomona High.

— Eu também. Em que ano ela se formou?

Respondi, e ele disse:

— Eu também. Como ela se chama?

Respondi que era Debra e disse qual era seu sobrenome de solteira.

— Eu a conheço! — disse ele.

Eles tinham sido muito amigos durante todo o ensino médio. Depois dessa incrível coincidência, além de meu editor, Scott se tornou um amigo e renovou sua amizade com Debra depois de 20 anos.

Uma coincidência como essa é um acontecimento raro. E também outras histórias semelhantes — muitas delas acontecem em aviões. Meu amigo Scott Petrack viajou recentemente de Paris para Boston. Logo após a decolagem, iniciou uma longa conversa com a pessoa sentada ao lado (ele tem boa aparência e adora conversar). Antes de aterrissar, os dois descobriram que tinham cantado no mesmo coral em Tanglewood 20 anos antes. Uma semana depois, Scott recebeu um telefonema de um desconhecido para tratar assuntos de trabalho e, no decorrer da conversa, descobriu que essa pessoa também tinha cantado com ele no mesmo coral em Tanglewood. Isso nunca tinha acontecido com ele.

Essas histórias, embora fantásticas, e decerto eventos relativamente raros, acontecem com todos os que viajam de avião ou encontram um grande número de estranhos de outras maneiras. Na minha vida, já houve coincidências suficientes (quase todas em aviões) para escrever um livro. Naturalmente, fiquei cismado com elas e resolvi estudá-las de maneira mais aprofundada. Será que são acontecimentos muito raros?

Na verdade se trata de um mecanismo semelhante ao do problema dos aniversários que rege as coincidências do tipo cotidiano de que tratamos. Temos aqui uma pessoa (você), e não um grupo de 23, 50 ou 200 pessoas entre as quais pode acontecer uma coincidência. Por não termos especificado nos casos anteriores exatamente quais seriam as pessoas com quem havia a coincidência, a probabilidade dela subiu de maneira impressionante. Mas quando especificamos que é com *você* que ela deve acontecer, a probabilidade se torna mínima (como vimos no exemplo de alguém fazer aniversário no mesmo dia que você). É o agrupamento oculto, porém natural, que acontece nos fenômenos aleatórios, a causa de ser muito mais alta do que se esperava a probabilidade de pelo menos um aniversário inespecífico compartilhado.

Ora, no caso específico das coincidências de que estamos tratando aqui, há um elemento *inespecífico*, o que torna a probabilidade de coincidências maior do que teríamos imaginado. Embora a pessoa seja específica (repito: você), não determinamos *qual tipo de coincidência* deve acontecer. No exemplo do meu editor e da minha mulher, poderia ter sido qualquer uma: Scott podia ter estudado com a minha irmã, a minha vizinha, um dos meus professores da faculdade ou um dos meus amigos. E a coincidência poderia ter envolvido alguém que não fosse Scott; podia ter sido uma das outras 20 pessoas que conheci durante minha visita a Chicago, alguém da fila de embarque do avião ou durante outra viagem. Não digo que esse tipo de coincidência seja comum — apenas não é tão raro quanto pensamos. O motivo é a agregação de causas acontecer de tantas maneiras possíveis que, no fim das contas, ela se torna inevitável.

Mas este tema é ainda mais rico. Há muitos tipos de elementos que vêm à baila. Vamos examinar a coincidência de ter algo em comum com o estranho sentado ao seu lado no avião. O que uma análise criteriosa revela?

A população que viaja de avião, ou quase sempre, não é tão grande. Quem são? Professores, advogados, médicos, pesquisadores, funcionários públicos, empresários. Assim, trata-se de um grupo menor do que a população inteira do país. Dentro desse grupo auto-escolhido existem redes e conexões que vão muito além do que se vê a olho nu: por exemplo, os professores costumam conhecer não só outros professores, mas também funcionários públicos, por meio de pesquisas acadêmicas sustentadas ou vinculadas ao governo; os empresários não conhecem apenas outros empresários, mas também advogados, porque é comum trabalharem juntos; e assim por diante. Essas conexões "ocultas" e inerentes tornam a possibilidade da coincidência maior do que se espera. Formulando uma hipótese razoável sobre a média de pessoas que um membro dessa população conhece, bem como outras hipóteses, calculei uma estimativa de 1,5% de probabilidade de que você tenha algo em comum com quem se sentar ao seu lado em determinado vôo. Defino coincidência como dois estranhos que conhecem uma pessoa em comum. Repare que há uma barreira de informações a ultrapassar. Se você ficar calado no avião e só disser coisas do tipo "pode me dar licença para eu ir ao banheiro?", então jamais descobrirá que o seu vizinho já namorou sua irmã. A probabilidade estimada em 1,5% presume uma pesquisa exaustiva para descobrir algo em comum com a pessoa sentada ao seu lado.

Seis graus de separação

A idéia das coincidências evoluiu na cultura popular e se tornou um conceito chamado "seis graus de separação", segundo o qual todos no planeta têm alguma relação com todos os demais por meio de seis graus de separação. Se você e a pessoa ao lado conhecem uma pessoa em comum, isso é um grau de separação. Se a melhor amiga da sua filha é casada com o homem ao seu lado, são dois graus de separação; e assim por diante. Um exemplo de seis graus de separação seria algo assim:

Um dos pacientes do dentista da namorada do seu filho é casado com a prima de um amigo da mulher ao seu lado no avião.

Embora, que eu saiba, ninguém tenha conseguido provar decididamente que a hipótese dos "seis graus de separação" é verdadeira, parece razoável que o seja. Por que não estaríamos todos relacionados por meio desse conjunto tão prolongado de conexões? Mas o leitor poderia perguntar: "Como eu poderia ter uma relação com um agricultor que mora numa província distante da China?"

Conexões entre os povos do mundo

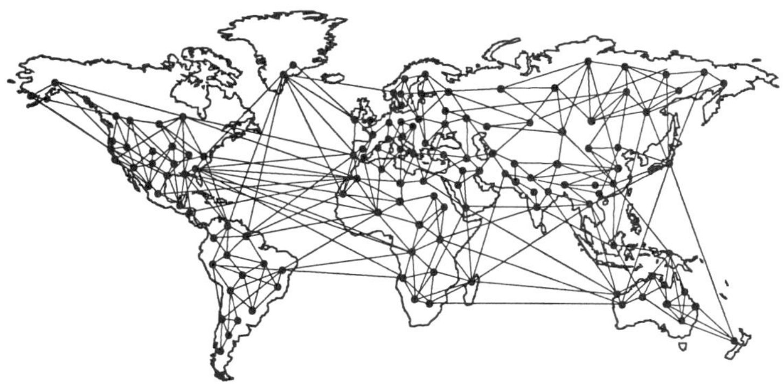

É uma pergunta excelente, e ninguém sabe respondê-la com certeza. Mas acredito que as conexões entre países funcionam por intermédio de indivíduos bem-relacionados, que existem em todas as sociedades. O jornalista da revista *New Yorker* Malcolm Gladwell trata desse fenômeno de maneira aprofundada em seu excelente livro *Ponto de desequilíbrio*. Certas pessoas são "conectoras" inatas; elas parecem conhecer todo mundo e funcionam como conexões aéreas, ligando pessoas de áreas geográficas e atividades diversas.

Podemos utilizar dois ou três graus de separação entre o agricultor na China e um funcionário ligado ao comércio exterior e um sócio do seu tio na Califórnia, cujo assistente conhece o funcionário chinês. Mas seria preciso fazer uma pesquisa mais profunda para conferir se os seis graus seriam suficientes ou se precisamos de sete ou mais graus para vincular todos no planeta.

CAPÍTULO TREZE

Como ser bem-sucedido no amor (encontrar o melhor apartamento ou adotar o melhor bichinho de estimação)

O ACASO E O TEMPO TÊM LIGAÇÃO ÍNTIMA NO UNIVERSO. TODOS os dias há acasos que nos apresentam novas oportunidades, desafios e riscos. Aproveitá-los da melhor maneira possível requer saber tomar decisões em seqüência. Em nenhuma situação isso é mais verdadeiro do que no terreno do amor. Uma pessoa encontra um número grande, porém limitado, de membros do sexo oposto disponíveis no decorrer da vida, e a pergunta fundamental é: como saber quando encontrou a pessoa certa, aquela com quem gostaria de se casar? A suposição é que não se pode voltar atrás: uma vez que o relacionamento esteja desfeito, a pessoa se foi. Como saber qual é a melhor para você?

Alegre-se, pois a teoria da probabilidade pode ajudá-lo a encontrar o melhor par possível. E, mais, ela pode se aplicar a outros setores da vida além do amor. Um apartamento ou uma casa não fica no mercado por muito tempo, e é comum ter de tomar uma decisão sobre a compra ou o aluguel antes de ter visto todas as opções; como saber que encontrou o melhor imóvel possível? Os empregos também não ficam muito tempo à disposição e, depois que lhe oferecem uma vaga e você a rejeita, não pode voltar atrás. E os cachorrinhos lindos não ficam para sempre na loja de animais, e talvez seja preciso tomar uma decisão rápida sobre se ele é o melhor para você. Então, como sabemos quando parar de procurar e escolher?

Foi elaborado um teorema matemático que nos dá a melhor maneira de experimentar e interromper para todas essas situações. Ela é explicada com minúcia em livros de probabilidade.[16] Mas a estratégia é a seguinte:

> Você eleva ao máximo a probabilidade de encontrar o melhor cônjuge se namorar aproximadamente 37% dos candidatos disponíveis na sua vida e, então, decidir ficar com o próximo candidato que seja melhor que todos os anteriores.

Não é romântico?

É, de fato, uma regra muito esquisita. Mas os matemáticos provaram que funciona melhor do que qualquer outra. Trinta e sete por cento é uma aproximação do número exato $1/e$, em que e é a base dos logaritmos naturais, ou 2,71828... Naturalmente, essa regra não garante êxito, mas, como disse Churchill sobre a democracia, é a pior estratégia, com exceção de todas as outras, e nos proporciona 37% de probabilidade de tomar a melhor decisão. Qualquer outra estratégia — escolher mais cedo ou mais tarde — diminui de maneira significativa as probabilidades de êxito na descoberta do melhor candidato. Há um exemplo: Vamos supor que no decorrer de toda a vida você espere conhecer cem candidatos disponíveis. Caso você se case com o primeiro, a probabilidade de ter de fato encontrado o melhor de todos os candidatos é de apenas 1/100. Da mesma maneira, se esperar até conhecer os cem candidatos, terá rejeitado os 99 que chegaram antes, e a possibilidade de que a última pessoa que encontrar seja a melhor é novamente apenas 1/100.

As melhores estratégias permitem passar algum tempo experimentando, para aprender sobre os diversos candidatos; e de todas as estratégias, a melhor é quando você experimenta 37% do total e, então, escolhe o primeiro candidato seguinte que derrote todos os que vieram antes. Naturalmente, existe a probabilidade de que você jamais encontre alguém melhor do que os 37% que você já viu. Mas nada no amor é certo e assim você tem uma probabilidade maior de encontrar seu melhor par. Assim, se você for uma jovem que espera conhecer cem solteiros atraentes no decorrer de seus anos de namoro, deve dispensar os primeiros 37 e se casar com o primeiro que encontrar depois disso que seja mais atraente do que todos os outros 37 jovens que já namorou. Ora, você não queria que sua mãe lhe desse um conselho assim?

CAPÍTULO QUATORZE

Como tomar decisões em situações de incerteza

NO CAPÍTULO ANTERIOR, TRATAMOS DE UM EXEMPLO DE TOMADA DE decisões seqüenciais em situações de incerteza. Mas para conseguir tomar essas decisões em um grande número de situações complexas precisamos aprender algo sobre as "médias estatísticas".

> O valor esperado de uma quantidade aleatória é simplesmente a soma dos produtos de seus valores por suas probabilidades. Em outras palavras, o valor esperado é uma média ponderada — quanto mais provável ou improvável o resultado, maior ou menor é o valor que damos a ele.

Examinemos um exemplo para demonstrar o que isso significa. Vamos supor que alguém ofereça um investimento que tem 30% de possibilidade de render mil dólares, 20% de render 2 mil dólares e 50% de provocar uma perda de 400 dólares. Quanto vale esse investimento? Em outras palavras: o que você espera ganhar com ele? A resposta é: $0,3 \times 1.000 + 0,2 \times 2.000 + 0,5 \times (-400) = \$500$. Isso não quer dizer que devemos fazê-lo de uma vez só — existe a probabilidade de 50% de perder 400 dólares. Mas, a longo prazo, se tivesse a oportunidade de fazer um investimento desses por dia, valeria a pena, pois você ganharia, em média, 500 dólares de cada vez.

Jogos limpos

O jogo limpo é definido como aquele em que se espera que o resultado seja zero. É uma ampliação da idéia popular do jogo em que alguém precisa perder para que outro ganhe. No jogo limpo de azar justo as probabilidades de ganhar e perder são tais que, *em média*, o que você ganha e o que eu ganho, supondo-se que estamos jogando um contra o outro, é zero. O jogo não favorece a nenhum de nós. Os jogos de cassino nunca são limpos, sempre dão a vantagem à banca, mesmo que ela seja pequena. É lógico, já vimos que, até em jogo limpo, o apostador acaba perdendo quando joga contra um adversário "infinitamente rico" como o cassino.

Vamos examinar um jogo simples, a roleta. Se aposto em um número, minha possibilidade de ganhar é de 1/38, pois há 36 números, mais o zero e o duplo zero. Mas se eu ganhar recebo o equivalente a apenas 36 vezes a quantia que apostei. Então, meu valor esperado para uma única jogada é (supondo-se uma aposta de 1 dólar):

$[(-1) \times (37/38)] + [36 \times (1/38)] = -0{,}026$ ou uma perda de 2,6 centavos, em média. Se continuar jogando durante um período de tempo suficiente, vou perder tudo, pois já estou perdendo cerca de 2,6 centavos a cada giro da roleta.

Como valorizar um investimento

Os investimentos não diferem dos jogos de azar. Alguns deles têm um valor esperado positivo e outros, negativo; o valor esperado de outros é zero e são semelhantes ao "jogo limpo". Para calcular o valor esperado precisamos "ponderar" os diversos resultados com suas probabilidades. Por exemplo, podemos ter uma oportunidade de investimento para a qual são possíveis os seguintes resultados:

PERDA OU LUCRO ($)	PROBABILIDADE
– 1.000	0,1
– 500	0,2
0	0,1
1.000	0,2
2.000	0,3
3.000	0,1

Repare que a soma das probabilidades deve ser 1,0 ou 100%, como acontece de fato neste exemplo. Queremos calcular a perda ou o lucro esperado desse investimento.

É igual a:

$$(-1.000) \times 0{,}1 + (-500) \times 0{,}2 + (0) \times 0{,}1 + (1.000) \times 0{,}2 + (2.000) \times 0{,}3 + (3.000) \times 0{,}1 = \$900$$

Esclarecendo, esses 900 dólares são somados ao seu investimento inicial; ou seja, você acaba com 1.900 dólares e não apenas 900 dólares. Vamos supor que esse investimento custe mil dólares. É melhor fazer o investimento ou depositar os mil dólares na poupança, onde pode ganhar 5% ao ano, ou seja, 50 dólares? Esta pergunta não tem resposta única. Pôr o dinheiro na poupança renderia 50 dólares, com certeza, ao passo que o outro investimento é pura especulação. A longo prazo, porém, se for possível fazer tal investimento muitas vezes seguidas, ele é melhor, pois — em média — você ganha 900 dólares sempre que investe.

CAPÍTULO QUINZE

Estratégias de jogo

A TEORIA DOS JOGOS É ALGO IMPORTANTE. FOI CRIADA PARA GERAR modelos de situações de conflito que variam de uma partida de xadrez à guerra e à concorrência no mercado. Em um jogo clássico, você move sua peça, então, o adversário move outra e assim por diante, até que se chega ao resultado final.

Os jogos simples, como o jogo-da-velha, são perfeitamente solúveis. Como qualquer pessoa que já jogou o jogo-da-velha sabe muito bem, com um mínimo de estratégia é impossível perder (mas também é impossível ganhar). Outros jogos são mais complicados. No xadrez, por exemplo, jogar primeiro ainda proporciona uma vantagem, mas não define, de modo algum, o resultado do jogo. Situações de conflito como a concorrência no mercado, as manobras diplomáticas e a guerra são simuladas em jogos.

Seja xadrez, bridge ou guerra, a surpresa é um elemento importantíssimo no jogo. Se o adversário sabe o que você fará em seguida, pode tomar medidas preventivas com antecedência para frustrar sua jogada. As estratégias vitoriosas costumam ser *mistas*, nas quais uma determinada jogada é feita com certa probabilidade e outra com probabilidade diversa da anterior. Não vamos entrar em detalhes neste tratamento elementar, mas um exemplo simples vai ilustrar a idéia. Se um exército tem de atacar o inimigo, a hora deve ser escolhida de maneira aleatória, para que o inimigo não esteja preparado. No caso mais simples, vamos supor que um general queria atacar o inimigo em algum momento nas próximas 12 horas. Para garantir surpresa, o general pode jogar um dado e escolher dois horários aleatórios entre meio-dia e meia-noite e depois jogar uma moeda para escolher qual das duas horas consecutivas vai usar.

CAPÍTULO DEZESSEIS

Teorema de Bayes

EM 1761, UM SACERDOTE ANGLICANO CHAMADO THOMAS BAYES tentou usar a teoria das probabilidades para provar a existência de Deus. Ele falsificou equações de *probabilidades condicionais* de eventos que eram dependentes da ocorrência de outros eventos — e conseguiu inverter a ordem condicional. O resultado o levou a parar um momento. Será que havia uma prova matemática da existência de Deus? O inverso da probabilidade o incomodava muito e ele resolveu guardar o papel com os cálculos numa gaveta, recusando-se a voltar a olhar para eles. Dois anos depois, em 1763, ele morreu. O papel foi descoberto na gaveta e publicado, provocando grande agitação na comunidade matemática — agitação cujas ondas ainda reverberam. Nasceu um campo da ciência, hoje denominado *Estatística Bayesiana*, por causa da descoberta do reverendo Bayes.

Embora possa não ter provado a existência de Deus, Thomas Bayes descobriu uma fórmula importantíssima, com longo alcance e implicações inesperadas sobre as inferências científicas e como se processam as informações.

Lei de Bayes:

$$\frac{P(A\text{ se }B) = P(B\text{ se }A) \times P(A)}{P(B\text{ se }A) \times P(A) + P(B\text{ se não }A) \times P(\text{não }A)}$$

Dois séculos e meio depois de Bayes ter descoberto esta lei, a fórmula ainda provoca polêmicas. Matematicamente, o enunciado está perfeitamente correto. Mas pode, às vezes, levar à má interpretação de dados, caso não se tome bastante cuidado. A análise bayesiana, quando feita corretamente, leva a melhores resultados; mas há armadilhas a evitar. Vejamos um caso típico do uso do teorema de Bayes.

Pensemos em uma doença como a Aids, para a qual existem exames que não são totalmente confiáveis. Vamos supor que 1/10 de 1% da população tenha a doença e que o exame tenha 95% de eficácia (o que é muito bom), isto é, se a pessoa examinada estiver doente, é de 95% a probabilidade de que o exame o indicará. Inversamente, se a pessoa não estiver doente, é de 5% a probabilidade de que o exame dê um falso positivo. É assim que a lei de Bayes é usada na análise. Temos a probabilidade condicional de que o exame afirmará que o doente está realmente doente: 95%; temos a probabilidade *a priori* de que uma pessoa, aleatoriamente escolhida na população, esteja doente: 1/10 de 1%. Usamos o teorema de Bayes para definir a probabilidade *a posteriori* de que a pessoa cujo resultado afirme estar doente esteja mesmo doente. À primeira vista, você diria que a probabilidade é de 95%, certo? Afinal, o exame tem 95% de precisão. Pois continue lendo. Segundo a lei de Bayes, temos:

$$P(\text{Paciente doente } \textit{se} \text{ exame confirma a doença}) =$$

$$\frac{P(\text{Exame confirmará doença se paciente doente}) \times P(\text{Paciente doente})}{[P(\text{Exame confirma doença; dado: Paciente doente}) \times P(\text{Paciente doente})] + [P(\text{Exame confirma doença; dado: paciente não-doente}) \times P(\text{Paciente não-doente})]}$$

$$\frac{(0{,}95 \text{ x } 0{,}01)}{(0{,}95 \text{ x } 0{,}001) + (0{,}05 \text{ x } 0{,}999) = 0{,}0187}$$

À primeira vista, esse resultado é muito surpreendente. Temos um exame bastante fidedigno que tem 95% de probabilidade de nos oferecer a resposta certa. Administramos o exame e obtemos um resultado positivo —indicador de que a pessoa está, de fato, doente. Não obstante, a probabilidade posterior (ou seja, a de que a pessoa cujo exame confirma a doença esteja, de fato, doente) é inferior a 2%! Devíamos perguntar por que o teste é aplicado, afinal de contas.

Mas a resposta é mais sutil. A regra de Bayes simplesmente mistura a probabilidade *a priori* com os resultados do exame. Se a encararmos da maneira correta, faz sentido: já que é tão pequena a porcentagem da população que de fato tem Aids (no nosso exemplo), o resultado positivo é muito mais passível de ser conseqüência de um erro no exame do que de o paciente ter realmente a doença. Mas vale perceber aqui que essa análise pressupõe que a pessoa examinada é uma amostra típica da população geral — o que nos leva às ciladas anteriormente mencionadas. Surgem problemas na interpretação da regra de Bayes se administrarmos esse exame não a uma pessoa aleatória da população, mas, pelo contrário, a alguém do hospital — alguém que tenha mais possibilidade de estar doente. Neste caso, a probabilidade *a priori* de 1/10 de 1% não se aplica mais. Essa é, de fato, a dificuldade no uso da regra de Bayes: é preciso tomar muito cuidado na aplicação das probabilidades *a priori* e conferir se são válidas. É comum que as probabilidades *a priori* — por exemplo, 1/10 de 1% da população tem Aids — sejam subjetivas, ao passo que as condicionais — por exemplo, o exame tem 95% de precisão — são mais objetivas. Para obter bons resultados é preciso ter muita cautela. Se o exame for feito em hospital e a porcentagem de portadores dessa doença no hospital é conhecida, deve-se usar a probabilidade *a priori* apropriada — e não uma que caracterize a população como um todo.

Aqui está um exemplo do uso da regra de Bayes. Um pesquisador de mercado precisa entrevistar pessoas casadas para determinado estudo. Ele chega a um prédio com três apartamentos. Pelos nomes das caixas de correio no térreo, o entrevistador sabe que apenas em um dos apartamentos mora um casal. Nos outros moram dois homens e duas mulheres, respectivamente. Mas quando o pesquisador vai até os apartamentos, as portas não estão marcadas e é impossível distingui-los. Portanto, a probabilidade *a priori* de bater à porta certa (a do casal) é claramente de 1/3. O pesquisador bate à porta e é atendido por uma mulher. *Neste momento*, qual é a probabilidade de o pesquisador ter achado o casal? Numa forma ampliada da regra de Bayes, temos:

$$\text{P(Casal se a mulher atende)} = \frac{\text{P(Mulher atende se casal)} \times \text{P(casal)}}{\begin{array}{c}\text{[P(Mulher atende se casal)} \times \text{P(Casal)]} + \text{[P(Mulher atende se ali}\\ \text{moram dois homens)} \times \text{P(ali moram dois homens)]} + \text{[P(Mulher}\\ \text{atende se ali moram duas mulheres)} \times \text{P(ali moram duas mulheres)]}\end{array}}$$

Formulemos agora algumas hipóteses razoáveis:

1. Se o pesquisador tiver chegado ao apartamento do casal, então a probabilidade de que qualquer um dos dois atenda à porta é de 50%; o que significa que se o pesquisador tiver atingido o casal a probabilidade de que a mulher atenda é de 50%.

2. Se o pesquisador tiver chegado ao apartamento com dois homens, então é nula a probabilidade de que uma mulher venha atender (presumimos que os homens são antipáticos e não recebem visitas femininas).

3. Se o pesquisador tiver chegado ao apartamento com duas mulheres, então é de 100% a probabilidade de que uma mulher atenda à porta (também presumimos que não há visitantes do sexo masculino).

4. As probabilidades *a priori* — isto é, as probabilidades anteriores ao evento de uma mulher ter atendido à porta — de encontrar o apartamento do casal ou dos dois homens ou das duas mulheres são de 1/3 cada.

Agora vamos inserir todas essas probabilidades na fórmula citada e constatar que a probabilidade *a posteriori* de que o pesquisador tenha chegado ao casal, visto que uma mulher já atendeu à porta, é:

$$\frac{(1/2 \times 1/3)}{(1/2 \times 1/3) + (0 \times 1/3) + (1 \times 1/3)} =$$

Este resultado é surpreendente. Antes que o pesquisador bata à porta, a probabilidade de ter chegado ao casal é de 1/3. O pesquisador obtém, então, uma informação: bate à porta e uma mulher o atende. Pode parecer que essa informação deva alterar a probabilidade de ter chegado ao apartamento certo, mas isso não acontece, no caso. A última probabilidade *a posteriori* de ter chegado ao casal é ainda de 1/3. Por quê? Por causa da estrutura deste problema. Temos três mulheres: uma casada e as duas morando juntas. A probabilidade de que o pesquisador tenha chegado ao casal é idêntica à probabilidade de que a mulher que atendeu à porta seja, de fato, a que ele procura — que é uma em três. Você vai achar útil e divertido experimentar diversas versões deste problema. Vamos supor que o prédio tenha um apartamento com sete homens e três mulheres ou um apartamento com quatro mulheres e um homem etc. Podemos experimentar diversos números de apartamentos. Tente descobrir qual será a probabilidade de que o pesquisador chegue ao apartamento certo com o casal, supondo-se que uma mulher atendeu à porta.

Outro exemplo interessante da lei de Bayes — e que causou polêmica há alguns anos, quando foi publicado num jornal sindical, na coluna de Marilyn Vos Savant (Marilyn estava certa e as centenas de PhD em matemática e ciências, que escreveram para reclamar da solução dela, estavam errados) — é o seguinte: usamos uma versão do problema um pouco diferente, porém equivalente à publicada nos jornais. Chama-se problema do presidiário.

Há três presidiários em uma cela. O carcereiro informa que um deles será executado na manhã seguinte. Um prisioneiro pergunta:

— Se um de nós será executado, então um dos outros dois prisioneiros desta cela *não* será executado, certo?

— Claro — responde o carcereiro.

— Muito bem — diz o presidiário —, então, por favor, aponte um desses dois.

O guarda não quer fazê-lo e diz:

— Não, pois se eu fizer isso, a probabilidade de você morrer amanhã vai subir de 1/3, como é agora, para 1/2.

Parece uma argumentação lógica. Faz sentido que o espaço de possibilidades desse problema caia de três para dois pontos igualmente prováveis. Na verdade, porém, não cai. Para comprovar isso, vamos usar a regra de Bayes. Vamos chamar um presidiário de "Joe" e os outros de Peter e Paul.

$$P(\text{Joe morre se o Carcereiro apontar para Peter}) = \frac{P(\text{Carcereiro aponta para Peter se Joe morre})\,P(\text{Joe morre})}{\begin{array}{c}P(\text{Carcereiro aponta para Peter se Joe morre})\,P(\text{Joe morre}) + \\ P(\text{Carcereiro aponta para Peter se Peter morre})\,P(\text{Peter morre}) + \\ P(\text{Carcereiro aponta para Peter se Paul morre})\,P(\text{Paul morre})\end{array}} =$$

$$\frac{(1/2)\,(1/3)}{[(1/2)\,(1/3) + (0)\,(1/3) + (1)\,(1/3)]} = 1/3$$

Como o exemplo anterior.

Assim, apesar do que possamos pensar, a probabilidade de Joe morrer continua a mesma — apenas 1/3 —, apesar do fato de o carcereiro indicar um dos outros dois. Naturalmente, se a probabilidade que Joe tem de morrer continua sendo de 1/3, a probabilidade de Paul morrer (supondo que o carcereiro indicou Peter) sobe para 2/3. Veja se consegue usar a lei de Bayes para provar isso.

A versão desse problema na coluna de Marilyn era chamado de "Problema Monty Hall", com base no programa de televisão "*Let's Make a Deal*", em que há um prêmio atrás de uma entre três portas. As probabilidades ali são idênticas às deste exemplo. A lógica bayesiana oculta por trás do problema já confundiu muita gente. O teorema de Bayes ainda é uma ferramenta incompreendida, poderosa e complicada na teoria da probabilidade.

CAPÍTULO DEZESSETE

A curva normal

A MAIS IMPORTANTE DISTRIBUIÇÃO DE PROBABILIDADES SE CHAMA distribuição *Normal*, ou distribuição *gaussiana*. Tem uma história interessante. O nome *gaussiana* é homenagem ao famoso matemático alemão Carl Friedrich Gauss (1777–1855), a quem muitas descobertas matemáticas importantíssimas são devidas, de natureza tanto pura quanto aplicada. Gauss usava, de fato, a distribuição normal, e a ele era atribuída sua descoberta. No entanto, em 1908, um estatístico inglês chamado Karl Pearson descobriu manuscritos históricos que provavam que a distribuição normal foi, na verdade, descoberta um século antes, pelo matemático inglês Abraham De Moivre (1667–1754).

De Moivre era um huguenote francês que fugiu das guerras religiosas contra seus correligionários e se mudou para a Inglaterra. Ali, ele conheceu Newton e Halley (do famoso cometa) e chegou a ingressar na Royal Society. Mas ele não estava em boa situação e teve de procurar um trabalho ocasional de professor de matemática para ricos.

De Moivre descobriu a "lei normal dos erros". Descobriu que, quando se acumulam muitos fatores aleatórios, estes formam uma curva em forma de sino, com os valores menos comuns nas duas pontas e os valores mais comuns se agrupando no meio. A distribuição normal das probabilidades, ou curva em sino, está na seguinte figura:

A curva em sino

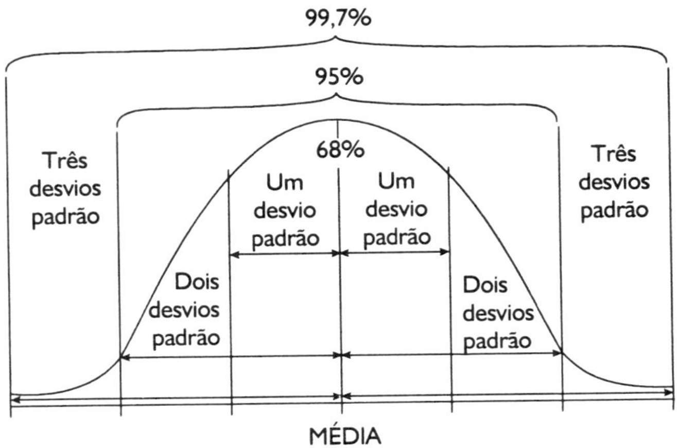

Essa curva tem uma *média* (ou um centro de massa se presumirmos uma espécie de "peso" preso à área formada pela curva) e *desvio padrão*, que é uma medida da extensão da curva (imaginemos desvio padrão como uma unidade que se mede na horizontal ao longo da curva). Já que tanto a média quanto o desvio padrão podem ser qualquer número que escolhermos, existe uma infinidade de possibilidades de curvas normais. Algumas delas estão ilustradas a seguir.

Várias curvas normais

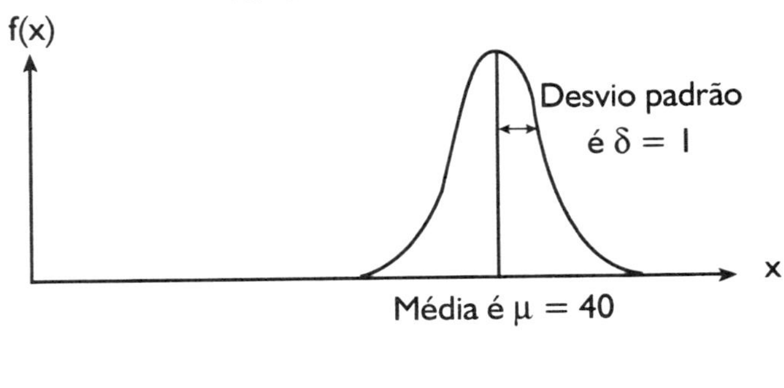

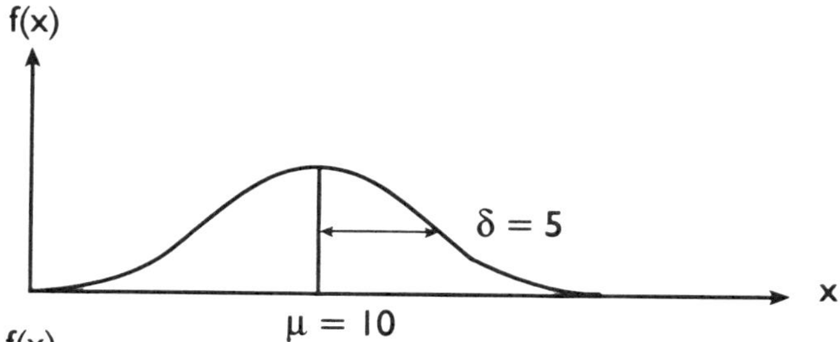

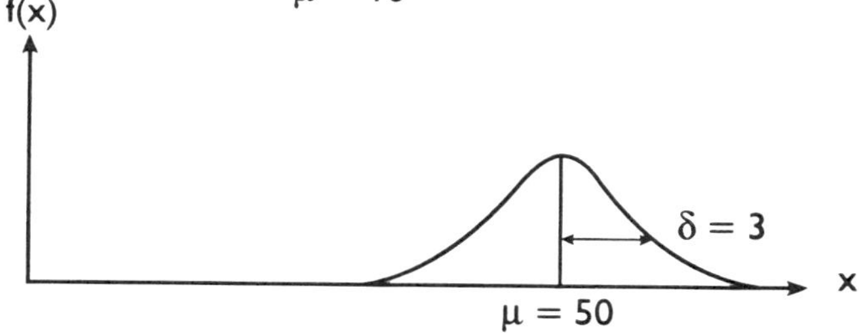

A curva normal parece "surgir do nada" sempre que se unem muitos fatores aleatórios e, por isso, desde sua descoberta, tem-se atribuído propriedades quase místicas a ela. De certa maneira, a curva normal é uma "lei divina da natureza", que tende a reger muitos fenômenos no mundo real. A altura dos seres humanos costuma distribuir-se normalmente ao redor da média, por exemplo, assim como há muitas outras variáveis na natureza. Em 1960, Eugene Fama, da Universidade de Chicago, demonstrou que as alterações percentuais nos preços das ações e outros papéis vendidos em mercados eficientes seguem a distribuição normal. Essa descoberta levou à criação de mais um ramo de atividade: análise financeira quantitativa. Mais tarde ficou demonstrado que as taxas de câmbio também podem seguir o modelo da distribuição normal.

A distribuição normal é útil porque seus valores e suas probabilidades são tabulados, permitindo-se efetuar cálculos estatísticos com qualquer variável conhecida para seguir essa distribuição. Em especial, aqui estão alguns valores principais dessa distribuição.

Probabilidades de distribuição normal

1. A probabilidade de que uma quantidade aleatória normalmente distribuída recaia em um desvio padrão da média é de mais ou menos 68%.
2. A probabilidade de que uma quantidade aleatória normalmente distribuída recaia dentro de dois desvios padrão da média é de mais ou menos 95%.
3. A probabilidade de que uma quantidade aleatória normalmente distribuída recaia em três desvios padrão da média é de mais ou menos 99,7%.
4. A probabilidade de que uma quantidade aleatória normalmente distribuída recaia em quatro desvios padrão da média se aproxima da certeza.

Se a altura dos homens de determinada população normalmente se distribui numa média de 1,75m com o desvio padrão de 10cm, usando as regras que já demos, constatamos o seguinte:

1. A probabilidade de que a altura de um homem qualquer esteja entre 1,65m e 1,85m é de mais ou menos 68%.
2. A probabilidade de que a altura de um homem qualquer esteja entre 1,55m e 1,95m é de mais ou menos 95%.
3. A probabilidade de que a altura de um homem qualquer esteja entre 1,45m e 2,05m é de mais ou menos 99,7%.

As duas caudas da curva normal

A *cauda* da distribuição normal é a área à direita de um ponto do lado direito da média, ou à esquerda de um ponto do lado esquerdo da média. O nome "cauda" provém de uma idéia de W. Gossett, que desenhou a figura cômica acima em 1908.

Por ser a probabilidade total sempre 1,00 ou 100%, é fácil calcular as probabilidades da cauda com base nas regras citadas:

1. A probabilidade de ficar à direita da média, mais um desvio padrão é de mais ou menos 16%. (E, de maneira semelhante, à esquerda da média menos um desvio padrão.)
2. A probabilidade de cair à direita da média mais dois desvios padrão é de mais ou menos 2,5%. (E, de maneira semelhante, à esquerda da média menos um desvio padrão.)
3. A probabilidade de cair à direita da média mais três desvios padrão é de mais ou menos 0,15%. (E, de maneira semelhante, à esquerda da média menos um desvio padrão.)
4. A probabilidade de cair à direita da média mais quatro desvios padrão ou à esquerda da média menos quatro desvios padrão se aproxima de zero.

Exemplo: a taxa diária de câmbio do euro para o dólar americano durante certo período de tempo foi normalmente distribuída com uma média de 1,2 dólar por euro e o desvio padrão de 0,05 dólar. Qual era a probabilidade de que a taxa do dia seguinte fosse 1,3 dólar por euro ou mais? Das regras dadas anteriormente, vemos que, já que 1,3 é igual a dois desvios padrão para a direita da média, a probabilidade de cair nesse ponto ou em ponto mais alto — ou seja, na cauda à direita de 1,3 — é de 2,5%.

CAPÍTULO DEZOITO

Como entender as pesquisas de eleição presidencial (e outras pesquisas)

O FATO MAIS ÚTIL A LEMBRAR DO CAPÍTULO ANTERIOR É:

> Para a quantidade aleatória normalmente distribuída, a probabilidade de recair dentro de dois desvios padrão da média é de mais ou menos 95%.

(O valor necessário para se ter uma probabilidade de *exatos* 95% é 1,96 desvios padrão; portanto, usar dois desvios padrão nos dá uma probabilidade ligeiramente mais alta, cujo valor exato é 95,44%.)

Esse fato será útil para entendermos pesquisas eleitorais e a maioria das outras amostragens estatísticas. Quando se faz uma pesquisa eleitoral, a idéia central é tentar obter informações sobre uma população inteira — por exemplo, a população de eleitores nos Estados Unidos — com base nas informações colhidas de uma *amostra aleatória* relativamente pequena dessa população. Esforçando-se ao máximo para garantir que a amostra seja obtida de maneira aleatória, os pesquisadores podem recorrer às leis da probabilidade; porque os resultados das amostragens de pesquisas eleitorais aleatórias seguem a distribuição normal.

A média e o desvio padrão

Digamos que queremos fazer uma pesquisa eleitoral para avaliar o apoio popular a um candidato político. O tamanho da amostra que vamos usar é um número mais baixo que a população inteira (obviamente). Se imaginarmos todos os resultados que muitos, muitos grupos de amostras — isto é, as pesquisas eleitorais possíveis — poderiam apresentar, percebemos que formam uma distribuição normal, como a apresentada adiante, com a maioria acumulada ao redor do centro e alguns casos radicais em ambos os lados.

Distribuição normal da proporção de amostra

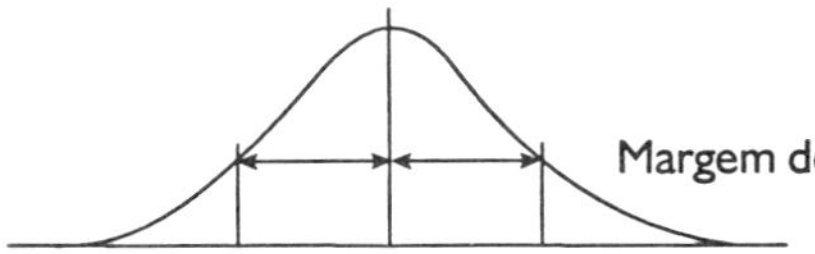

Ora, usamos a expressão *percentual de amostra* com o significado de porcentagem do grupo de amostra que escolhe determinada resposta (por exemplo, se perguntamos a dez pessoas se apóiam o candidato e seis delas dizem sim, a amostra percentual é de 60%). Também usamos a expressão *proporção de amostra* com o significado de porcentagem de amostra representada como casa decimal (em outras palavras, dividimos o percentual da amostra por 100; portanto, no exemplo anterior, a porção de amostra é 0,6). Por fim, usamos a expressão *porcentagem da população* como o significado de porcentagem real da população total que escolhe determinada resposta (assim, se na verdade 63% da população apóia um candidato, a porcentagem da população é — o leitor já adivinhou — 63%).

A média da distribuição normal das porcentagens de amostra deve ser igual à porcentagem da população; quanto mais amostras colhermos, maior será a probabilidade de nos aproximarmos da porcentagem da população (examinando a "curva normal" anterior, vemos que isso faz sentido). O desvio padrão da distribuição normal das percentagens de amostra é igual a:

$$\frac{\sqrt{(\text{proporção da amostra}) \times (-1 \text{ proporção da amostra})}}{\text{tamanho da amostra}}$$

Isso pressupõe que o tamanho da amostra é muito menor do que o tamanho da população.

O numerador sob a raiz quadrada é maximizado quando a proporção da amostra é igual a 0,5 (e um menos essa quantidade também é igual a 0,5) — maximizamos a expressão para nos dar cobertura em todos os casos, permitindo que se leve em conta o maior erro possível. Definimos o *erro de amostragem*, também denominado *margem de erro*, da pesquisa como *duas* vezes o desvio padrão anteriormente ilustrado. O número dois é usado para nos dar 95% de probabilidade de estarmos corretos nos resultados da nossa pesquisa eleitoral. Agora, quando multiplicamos:

$$\frac{2 \text{x} \sqrt{0{,}5 \times (1-0{,}5)}}{\text{tamanho da amostra}}$$

Compreendemos que é igual a:

$$\frac{1}{\sqrt{\text{tamanho da amostra}}}.$$

Essa quantidade, *a priori* — ou seja, antes de se fazer a amostragem —, maximiza o erro da nossa amostragem e é, então, usado como erro da amostra.

Erro de amostra (margem de erro) de uma pesquisa com 95% de probabilidade de estar correta =

$$\frac{1}{\sqrt{\text{tamanho da amostra}}}.$$

O resultado da pesquisa eleitoral é publicado, por exemplo, assim: "65% para o candidato, com uma margem de erro de mais ou menos 5%." Em um relatório comum como esse, precisamos entender que (a não ser quando se declara o contrário) o resultado é sempre verdadeiro *com 95% de probabilidade,* e a interpretação é que a verdadeira porcentagem de tal candidato em toda a população da qual se extraiu a amostra fica *entre a porcentagem comunicada e mais ou menos a margem de erro declarada.* Neste exemplo, há uma probabilidade de 95% de que a porcentagem real de eleitores do candidato em questão fique entre 60% e 70%. Em razão da margem de erro, ainda há 2,5% de probabilidades de que o verdadeiro percentual do candidato esteja abaixo de 60% e 2,5% de probabilidades de que estejam acima de 70%.

Também se pode investigar se aquilo que os pesquisadores nos dizem é verdade ou não. (E, segundo a experiência deste autor, os pesquisadores costumam errar nesse aspecto.) Vamos extrair a raiz quadrada do tamanho informado da amostra aleatória usada na pesquisa eleitoral e, depois, calcular um sobre essa quantidade. Por exemplo, vamos supor que essa pesquisa eleitoral se baseou numa amostra aleatória de mil pessoas. Nesse caso, a margem de erro é:

$$\frac{1}{\sqrt{1.000}} = 0{,}0316$$

que é 3,16%, ou aproximadamente 3% e não 5%, conforme informou a pesquisa eleitoral. Em pesquisas eleitorais mais sérias, a margem de erro vai concordar com essa fórmula.

CONCLUSÃO

A teoria das probabilidades é uma das mais fantásticas invenções — ou descobertas — da humanidade. A probabilidade é a tentativa humana de usar a matemática pura a fim de compreender o incompreensível. É o nosso modo de tentar descobrir algo sobre o funcionamento do acaso. Este continua indomável, pois o destino determina suas próprias regras em relação a nós e ao mundo ao redor. O universo é governado por leis que talvez jamais venhamos a compreender. Mas a teoria das probabilidades nos permite contemplar o funcionamento da aleatoriedade e de fenômenos que, embora não os entendamos, com a ajuda desse pouquinho de matemática, talvez possamos dar um jeito de calcular.

Este livro discorreu sobre alguns dos elementos básicos da teoria das probabilidades e — esperamos — ofereceu algo com que trabalhar na tentativa de entender o imprevisível, o indomável, o que é impossível conhecer: os caprichos da natureza. Use-o bem.

ALGUNS PROBLEMAS PARA TESTAR SUAS NOVAS HABILIDADES (ORDENADOS DE ACORDO COM A APRESENTAÇÃO DOS TEMAS NO LIVRO; RESPOSTAS NO FINAL)

1. Qual é a probabilidade de tirar uma carta de paus em um baralho bem embaralhado?

2. Qual é a probabilidade de tirar uma carta com figura (valete, dama ou rei)?

3. Qual é a probabilidade de que a carta tirada seja uma figura ou uma carta de espadas?

4. Qual é o resultado mais provável da soma dos pontos ao se jogar dois dados?

5. Uma carta é retirada de um baralho de 52 cartas embaralhado corretamente; a carta é, então, devolvida ao baralho, que é embaralhado mais uma vez e de onde mais uma carta é retirada. Qual é a probabilidade de que ambas sejam de espadas? Qual será a resposta se a primeira carta não for devolvida ao baralho?

O problema a seguir é do excelente livro de Frederick Mosteller, *Fifty Challenging Problems in Probability*.[17]

6. Minha gaveta só tem meias vermelhas e pretas. Quando enfio a mão na gaveta e puxo quaisquer duas meias (sem olhar!), a probabilidade de pegar duas meias vermelhas é exatamente 1/2. Qual é

o menor número de meias que a gaveta contém? Dica: use a Lei da Multiplicação para descobrir quais devem ser as probabilidades de que a primeira meia seja vermelha e a probabilidade condicional de que a segunda meia seja vermelha, dado que a primeira é vermelha. Examine, então, as possibilidades para a cor e a quantidade de meias contidas na gaveta, a fim de calcular o menor número mínimo. (Esta é uma amostragem sem substituição.)

7. A *Máquina von Neumann*: Vamos supor que uma entre duas pessoas será escolhida de maneira aleatória para ir a uma reunião importante. Alguém afirma que a moeda a ser usada não é honesta, ou seja, a probabilidade de sair cara ou coroa não é de 50% cada (na verdade, essa pessoa argumenta que não existe moeda honesta — todas estão viciadas de alguma forma). Como posso *ainda* usar essa moeda para ter um meio de criar dois resultados com probabilidades iguais e poder escolher de maneira justa entre os dois candidatos?

8. A *média* de uma população é um número tal que metade dos valores da população está abaixo dele e a outra metade, acima. Se eu fizer uma amostragem aleatória de dois itens de uma população, qual a probabilidade de que a média da população fique entre eles?

9. Um saco contém 80 bolas vermelhas e 20 bolas pretas. Tira-se uma bola do saco, *duas vezes, sem substituição*. Qual é a probabilidade de que ambas as bolas sejam vermelhas? Compare com as respostas da amostragem *com substituição*.

10. Experimente usar o Jogo De Finetti em um evento que lhe interesse.

11. Um em cada cem tabletes de açúcar vendidos em caixas pela Holly Sugar Company vem quebrado. Se você enfiar a mão na caixa e pegar dois tabletes de açúcar aleatórios para seu café, qual a

probabilidade de que pelo menos um esteja quebrado? (Presuma independência. Essa hipótese é inerente a todas as amostragens aleatórias.)

12. Segundo o jornal *The New York Times* ("AT&T Wireless à venda ao iniciar a reestruturação", Matt Richtel e Andrew Ross Sorkin, quarta-feira, 21 de janeiro de 2004, p. CI), a Verizon é o maior provedor de serviços de telefonia celular do país, com 36 milhões de assinantes, de um total de 148 milhões de usuários de telefones celulares nos Estados Unidos. Se forem escolhidos seis usuários de telefone celular na rua (lembremos que a seleção aleatória implica independência), qual a probabilidade de que pelo menos um deles seja assinante da Verizon?

Alguns problemas sobre a probabilidade de morrer em diversos tipos de acidentes

13. Em 2003, houve 5.732 mortes em acidentes automobilísticos na França.[18] A população desse país é de 59.625.919. Se vou morar cinco anos na França, qual a minha probabilidade de morrer em um acidente de carro?

14. Segundo a revista *American Scientist* (dados em American-scientist.org) a probabilidade de morrer em um único vôo sem escala, com base nas estatísticas de 1992 a 2001, incluindo as mortes resultantes dos ataques terroristas de 11 de Setembro, é oito em 100 milhões. Se você viajar de avião 20 vezes este ano, qual a probabilidade de sobreviver?

15. Morre cerca de uma dúzia de pessoas por ano nos Estados Unidos em conseqüência de ataques de cães.[19] Suponha que haja uma população de 280 milhões de pessoas nos Estados Unidos no de-

correr dos próximos anos. Qual a probabilidade de ser morto por um cachorro nos próximos 20 anos?

16. Nos Estados Unidos, as estatísticas de mortes em acidentes automobilísticos são (de acordo com os dados mais recentes disponíveis): 40.676 mortes em acidentes automobilísticos, em uma população total de 280 milhões. Compare a probabilidade de morte no trânsito entre os Estados Unidos e a França. Qual a probabilidade de morrer em um acidente de trânsito nos Estados Unidos nos próximos 20 anos?

17. Se há dez pessoas reunidas em uma sala, qual a probabilidade de pelo menos uma coincidência de data de aniversário?

18. Se existem 900 categorias, qual é o número de pessoas necessário para uma probabilidade de coincidência de 95%?

19. Se você espera namorar 50 pessoas no decorrer dos próximos cinco anos e quer se casar nesse prazo, qual a melhor estratégia para encontrar o melhor par?

20. Se um investimento pode lhe render 1.200 dólares com 0,2 de probabilidade e você pode perder 800 dólares com 0,8 de probabilidade, e outro investimento pode render 600 dólares com 0,7 de probabilidade e uma perda de 300 com 0,3 de probabilidade, qual é o melhor investimento?

21. São cinco apartamentos. Em um deles moram dois homens, em outro moram uma mulher e dois homens, em outro moram duas mulheres e três homens, em outro moram seis mulheres e um homem e no último mora um casal. Se eu bater à porta e uma mulher me atender, qual é a probabilidade de que eu tenha chegado ao apartamento onde mora o casal?

22. Em uma pesquisa eleitoral, pede-se a opinião de 2 mil pessoas para uma pergunta cuja resposta é sim ou não. Qual é a margem de erro?

RESPOSTAS

1. $13/52 = 1/4 = 25\%$.
2. $12/52 = 3/13 \approx 23\%$.
3. $12/52 + 13/52 - 3/52 = 22/52$.
4. A soma mais provável é sete, com probabilidade de $6/36 = 1/6$.
5. $1/4 \times 1/4 = 1/16 = 0{,}0625$. Sem substituição: $1/4 \times 12/52 \approx 0{,}0588$.
6. Devemos ter $p_1p_2 = 1/2$. A possibilidade com o menor número de meias é: VVVP, pois assim $p_1 = 3/4$ e $p_2 = 2/3$, então $p_1p_2 = 2/4 = 1/2$.
7. Vamos chamar de p a probabilidade de cara e $(1 - p)$ a probabilidade de coroa; jogue a moeda duas vezes. Ignore CaraCara e CoroaCoroa; use CaraCoroa em uma opção e CoroaCara em outra: ambas têm probabilidades iguais de $p(1 - p) = p - p^2$.
8. Há quatro possibilidades: ambos os valores recaem abaixo da média (BB), ambos acima da média (AA), ou um acima e outro abaixo (dois casos: AB, BA). Já que a possibilidade de cair em qualquer lado da média é, por definição, 1/2, cada um dos pares tem probabilidade $(1/2) \times (1/2) = 1/4$ (pela independência). Duas dessas possibilidades, AB e BA, captam a média entre elas. De onde a probabilidade é $\times + \times = 1/2$.
9. $80/100 \times 79/99 = 0{,}63838$. Com substituição: $0{,}8 \times 0{,}8 = 0{,}64$, que é um pouco maior.

10. Resposta pessoal.

11. $1 - (0{,}99 \times 0{,}99) = 0{,}0199$.

12. $1 - (112/148)^6 = 0{,}8121$.

13. $1 - (0{,}9999)^5 = 0{,}0005$ ou metade de 1%.

14. $1 - (99.999.992/100.000.000)^{20} = 0{,}9999984$. Nada mau!

15. $1 - (279.999.988/280.000.000)^{20} = 0{,}00000086$.

16. As probabilidades da França e dos EUA são praticamente iguais, uma em 10 mil por ano. A probabilidade de morrer em um acidente automobilístico nos próximos 20 anos é:

$$1 - \frac{(280,000,000 - 40,676)^{20}}{280,000,000} = 0,0003 \text{ ou } 1/3 \text{ de } 1\%$$

Não é mais uma probabilidade insignificante, comprovando mais uma vez como as probabilidades se compõem enquanto cresce o número de tentativas (neste caso, anos de vida).

17. $1 - [(364/365) \times (363/365) \times (362/365) \times (361/365) \times (360/365) \times (359/365) \times (358/365) \times (357/365) \times (356/365)]$ = cerca de 12%.

18. $\sqrt{900 \times 1{,}6 = 48}$

19. $0{,}37 \times 50 = 18$. Depois de namorar 18 pessoas, peça em casamento a primeira pessoa que for melhor do que os 18 primeiros.

20. Rendimentos esperados do primeiro investimento = ($1.200 × 0,2 + (– $800 × 0,8) = – $400. Rendimentos esperados do segundo investimento = ($600 × 0,7) + (– $300 × 0,3) = $330.

21. $105/439 = 0{,}239$.*

22. $\frac{1}{\sqrt{1,000}} = 2.23\,\%$

*Agradeço a Jason Roth por corrigir um erro que apareceu na primeira edição.

NOTAS

1. Ver David, F. N., *Games, Gods and Gambling*. Nova York: Dover, 1998, p. 7.
2. Ver Nachum L. Rabinovitch, "Probability in the Talmud", *Biometrika* 56, nº 2 (1969), pp. 437-41.
3. *Sir* Thomas Heath, *A History of Greek Mathematics*, vol. I. Nova York: Dover, 1981.
4. Amir D. Aczel, *Statistics: Concepts and Applications*, Chicago: Irwin, 1995, p. 72.
5. O que é um baralho bem embaralhado? Quantas vezes se deve embaralhar? O estatístico Persi Diaconis, de Harvard, provou há alguns anos que sete vezes é o mínimo necessário para se embaralhar com razoável certeza de aleatoriedade. Naturalmente, deve-se embaralhar bem. Há mais detalhes sobre baralhos corretamente embaralhados no Apêndice.
6. Ver o livro de Edward Thorpe, *Beat the Dealer*, 1961, que discorre sobre contagem de cartas no blackjack.
7. David Freedman, Robert Pisani, Roger Purves e Ani Adhikari, *Statistics*, 2ª ed. Nova York: W.W. Norton, 1991, p. 234.
8. N. H. Josephy e Amir D. Aczel, "A Note on a Journal Selection Problem", *Me-thods and Models of Operations Research*, 34 (1990), pp. 469-76.
9. Conforme atesta o título e o teor do famoso livro de Burton Matkiel, *A Random Walk Down Wall Street*. Nova York: W.W. Norton, 1995.

10. William Feller, *An Introduction to Probability Theory and Its Applications*, vol. 1, Nova York: Wiley, 1973, p. 87.
11. Lester E. Dubins e Leonard J. Savage, *How to Gamble if You Must*, 1965, reimpresso com o título *Inequalities for Stochastic Processes*. Nova York: Dover, 1976.
12. Este exemplo foi extraído de William Feller, *An Introduction to Probability Theory and Its Applications*, vol. I. Nova York: Wiley, 1973.
13. Este teste é descrito, por exemplo, em Amir D. Aczel, *Complete Business Statistics*, 5ª ed. Nova York: McGraw-Hill, 2000, p. 636.
14. GE "F1oodLight R3o".
15. Esta informação se baseia na palestra feita no departamento de matemática da Universidade da Califórnia, em Berkeley, em 10 de agosto de 1998, pelo matemático de Harvard (então de Stanford) Persi Diaconis.
16. Ver Frederick Mosteller, *Fifty Challenging Problems in Probability*. Nova York: Dover, 1987, p. 74.
17. *Ibid.* p. 1.
18. Elaine Sciolino, "Garçon! The Check, Please, and Wrap Up the Bordelais!", *The New York Times*, 26 de janeiro de 2004, p. A4.
19. James Gorman, "Life-and-Death Decisions About Four-Legged Prisoners", *The New York Times*, 26 de janeiro de 2004, p. B5.

APÊNDICE
por Brad Johnson

Embaralhar

Um baralho novo vem organizado seqüencialmente por naipe, com os curingas e as cartas sobressalentes no fim. Depois que se rompe o lacre e as cartas sobressalentes são removidas, o baralho é misturado para tornar aleatória a seqüência de cartas. Vamos definir *embaralhamento aleatório* como aquele que tem probabilidades iguais de deixar o baralho em qualquer uma das configurações (permutações) possíveis das 52 cartas: um *baralho bem embaralhado*.

O embaralhamento dos jogadores comuns nem sempre se aproxima do embaralhamento aleatório. Quando surgiram os baralhos embaralhados por computador nos torneios de bridge na década de 1970, houve protestos dos jogadores, que se opunham ao aumento da ordenação estranha das cartas. Mas os jogadores estavam errados. Não embaralhavam direito, o que resultava em uma distribuição mais organizada das cartas do que se esperaria de baralhos corretamente embaralhados.

Dois modos comuns de embaralhar as cartas são *riffle* ou *faro shuffle*, em que o baralho é cortado ao meio e as cartas intercaladas rapidamente com as duas mãos, e *exchange* ou *overhand shuffle*, em que punhados de cartas são tirados do baralho e recolocados de maneira aleatória.

Matemáticos estudaram o problema e descobriram que o método *overhand* é muito ruim, pois requer centenas de repetições para chegar à aleatoriedade. Seis ou sete *riffles* são suficientes para produzir um baralho bem embaralhado. O incrível é que menos do que cinco embaralhadas é totalmente insuficiente. A transição da ordem para a aleatoriedade é rápida, mais ou menos como os punhados de farinha desaparecem na massa como se fosse mágica depois de a colher ter dado voltas suficientes.

É simples demonstrar que com apenas cinco *riffle shuffles* todas as configurações do baralho de 52 cartas não são igualmente prováveis. Na verdade, algumas configurações não podem ser obtidas! Constatamos isso imaginando quais tipos de seqüências o *riffle shuffle* produz.

Examinemos um baralho de oito cartas em ordem: 12345678. Depois de uma *riffle shuffle,* é possível a seguinte seqüência: 12563784, que consiste em *duas seqüências em ordem crescente*, as seqüências mais longas possíveis nessa ordem (não obrigatoriamente seguidas). Estas seqüências são 1234 e 5678.

Começando com um baralho organizado, um único *riffle shuffle* só pode produzir duas seqüências em ordem crescente. O próximo *riffle shuffle* pode produzir no máximo quatro, dividindo as duas seqüências ascendentes criadas pelo primeiro embaralhamento. Cada embaralhamento sucessivo pode, no máximo, dobrar o número de seqüências ascendentes. Por conseguinte, o terceiro *shuffle* pode produzir oito; o quarto, 16; o quinto, 32 seqüências ascendentes. Já que o baralho de 52 cartas em ordem inversa consiste em 52 seqüências ascendentes de uma carta (e 52 é maior que 32), é impossível produzir um baralho invertido com cinco embaralhamentos do tipo *riffle shuffle.*

Ao empregar outras avaliações de aleatoriedade suficiente os matemáticos têm argumentado que seis ou sete embaralhamentos é o número mágico acima do qual os embaralhamentos não produzem aleatoriedade discernível.

Persi Diaconis, em 1986 (com David Aldous, aprimorado com Dave Bayer em 1992), avaliou o lucro esperado de um jogador perfeito que pudesse se aproveitar de padrões residuais deixados no baralho por embaralhamento inadequado. O lucro cai para quase zero com sete embaralhamentos. No ano 2000, Nick e Lloyd Trefethen adotaram outro método. Usaram a teoria da informação de Claude Shannon (que uma vez tentou derrotar a roleta e, mais tarde, ganhou milhões na bolsa de valores). Se você tiver um baralho do qual conheça a ordem das cartas, você tem a informação completa. Com um baralho perfeitamente embaralhado, não tem informação nenhuma. Vamos imaginar a tentativa de enviar uma mensagem empregando um sistema de codificação baseado no que você sabe sobre o baralho; a teoria da informação afirma que, se você tiver alguma informação, pode enviar a mensagem se possuir tempo suficiente. Usando simulações criadas por computador, os Trefethen descobriram que a quantidade de informações contidas num baralho depois de seis embaralhamentos é praticamente zero.

O que isso significa quando nos sentamos para jogar baralho? Aprenda o método *riffle shuffle* de embaralhar. Não use o embaralhamento *overhand shuffle* se pretende jogar com base na hipótese do baralho corretamente embaralhado. E embaralhe as cartas pelo menos meia dúzia de vezes. Qualquer pessoa que embaralhe as cartas mais do que seis vezes apenas vai retardar o jogo.

Lucros esperados

O conceito matemático essencial dos jogos de azar — e da bolsa de valores e de todos os outros setores de risco e recompensa — é o dos *lucros esperados*. O lucro esperado vincula a probabilidade dos resultados (o risco) à desejabilidade dos resultados (a recompensa). Os lucros esperados da decisão A, dado um custo C de tal opção e uma recompensa R para o resultado positivo são:

$$LE\,(A) = P(A) \times R(A) - C(A)$$

O lucro esperado de, digamos, optar por se casar com determinada pessoa é muito difícil de definir e extremamente subjetivo; como avaliar os custos e as recompensas de tal decisão? Apostar elimina grande parte da complexidade, pois define quantias exatas em dinheiro para custo e recompensa. Por exemplo, se você tiver mil dólares para investir com 20% de probabilidade de dobrar a quantia (ou perder tudo), seu lucro esperado é:

$$LE = 0{,}20 \times \$2.000 - \$1.000 = -\$600$$

Inversamente, se a probabilidade de êxito em dobrar o dinheiro for 80%, seu lucro esperado é:

$$LE = 0{,}80 \times \$2.000 - \$1.000 = \$600$$

Está claro que a probabilidade de êxito no segundo caso torna compensador o investimento, ao passo que a probabilidade no primeiro, não.

O mundo dos cassinos conta com inúmeras oportunidades de jogos, dos caça-níqueis às elitistas mesas de bacará e às bolsas de apostas. Embora cada jogo tenha seu próprio conjunto de regras e ritos, todos têm algo em comum: a banca sempre ganha. Mais especificamente, todos os jogos de cassino foram criados para que, em média, os jogadores percam mais dinheiro do que ganham. Pagam para jogar.

Podemos dividir os jogos de cassino em duas classes: aqueles em que podemos ganhar e aqueles em que não podemos ganhar. A maioria dos jogos de cassino — inclusive caça-níqueis, bingo, dados, pôquer *pai gow*, bacará e roleta — é matematicamente impossível de derrotar. Jogadas e estratégias diversas interferem no ritmo em que o jogador pode esperar perder dinheiro, mas todos os jogadores esperam perder com o tempo. Alguns jogos de cassino, inclusive blackjack e algumas variações do videopôquer, têm um ganho positivo esperado quando se joga em condições ideais (mas os cassinos expulsam os jogadores de blackjack que usam a estratégia ótima — ver, por exemplo, a seção sobre contagem de cartas no blackjack na pág. 24). Os jogos nos quais o jogador realmente compete contra outros jogadores e o cassino tem uma porcentagem garantida — a saber, pôquer, apostas em corrida de cavalo e esportes — oferecem uma genuína possibilidade de lucros aos jogadores habilidosos.

> Em um jogo limpo, as probabilidades calculadas expressam as verdadeiras probabilidades.

O *jogo limpo* é aquele em que o lucro esperado do jogador é zero. Em média, o jogador ganha com tanta freqüência quanto perde. Devemos, contudo, nos lembrar do Teorema da Ruína do Jogador (pág. 50). Pela fórmula dos ganhos esperados apresentada, o jogo é limpo quando:

$$\frac{C(A)}{R(A)} = P(A)$$

Isto é, quando a proporção custo-para-recompensa é igual à probabilidade de êxito. Os jogadores, em geral, usam a terminologia das vantagens, em vez da probabilidade, comparando as vantagens dadas com as verdadeiras. Se as vantagens dadas forem iguais às verdadeiras, o jogo é limpo. Não é de surpreender que, em todos os jogos de cassino em que o jogador compete contra a casa, as vantagens dadas não expressem as verdadeiras, e o lucro esperado do jogador é negativo.

Ter de fazer malabarismo com as vantagens dadas, as verdadeiras e as probabilidades, decerto dificulta o raciocínio probabilístico. Esse é mais um truque que funciona contra o jogador, que pode simplesmente arrancar os cabelos diante do esforço aritmético e apostar em Sky Jumper porque gosta do nome do cavalo.

Mas, se puder reduzir todas essas possibilidades para obter um valor para o lucro esperado, saberá se o jogo é limpo (LE = 0), viciado a seu favor (LE positivo) ou viciado contra você (LE negativo).

Chances

Os jogos de apostas não usam a terminologia da probabilidade e dos ganhos esperados; usam a terminologia de chances e prêmios. "Vermelho/Preto paga 1-para-1 (mesma quantia)." "Sky Jumper é o favorito com 3-para-5." Aqui, "1-para-1" e "3-para-5" representam os dados do jogo e estão em formato de *prêmio*-para-*custo* da aposta.

Com chances de 3-para-5, a aposta de 5 dólares retorna 8 dólares: a aposta inicial de 5 dólares, mais o prêmio de 3 dólares. A aposta vencedora que paga a mesma quantia entrega um prêmio de 1 dólar para cada dólar apostado.

Qual é a relação entre chances e probabilidades? Vemos que com *prêmio-A*-para-*custo-B* (*A* é *aposta inicial* e *B* é *aposta final*) a recompensa R = custo B + prêmio A. Reescrevendo a fórmula do lucro esperado em termos de A:

$$\text{LE} = P(B + A) - B$$

Num jogo limpo, em que o lucro esperado é zero (e as chances reais são iguais às dadas):

$$P = \frac{B}{(B+A)}$$

Que podemos reescrever, em termos das chances dadas e das reais, assim:

$$\frac{A}{B} = \frac{(1-P)}{P}$$

Repare que $1 - P(X)$ é outro modo de anotar a probabilidade de não obter X. Portanto, a definição das chances verdadeiras em termos de probabilidade é

$$\text{Chances reais de X} = \frac{P\,(\text{não X})}{P\,(X)}$$

Assim, se as chances do nosso cavalo Sky Jumper forem razoáveis (questão que vamos tratar adiante), deve-se esperar que Sky Jumper ganhe a corrida cinco vezes para cada três que perder, uma probabilidade de êxito de

$$\frac{5}{(5+3)} = 5/8$$

Se alguém lhe oferece uma aposta de igual quantia (chances de 1-para-1), pergunte a si mesmo: "É tão provável que eu ganhe quanto perca?" Se a resposta for sim, é uma aposta razoável, com um lucro esperado de zero para ambos os jogadores. A probabilidade de êxito de cada jogador é

$$\frac{1}{(1+1)} = 1/2$$

Roleta

A roleta é a melhor amiga do autor que tenta explicar a matemática dos jogos de azar. É puro jogo de azar, desnudo, em sua essência matemática. A maioria dos jogos de cassino tem regras complicadas ou seqüências de jogadas, mas a roleta é apenas uma grande roda.

Na roleta norte-americana, a roda e a mesa de apostas são assim:

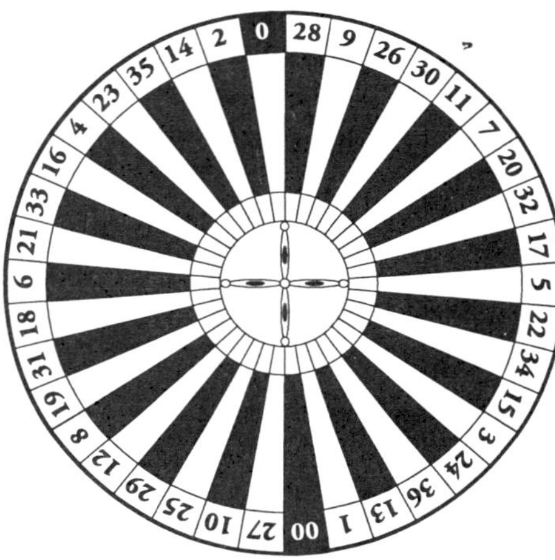

São 18 espaços vermelhos, 18 espaços pretos e dois espaços verdes com o zero e o zero duplo. Você aposta que a bola vai parar em determinado número ou faixa numérica. Se a sua aposta tiver êxito, você ganha segundo as chances expostas. Caso contrário, não ganha nada.

Se apostar 1 dólar no vermelho e a bola parar no vermelho, ganha 2 dólares. As chances dadas são de 1-para-1, também conhecidas pelo nome de mesma quantia.

Sua razão custo-para-recompensa é 1/2. Se a roleta fosse um jogo limpo, a probabilidade de a bola cair no vermelho seria de 1/2. Porém, como há 18 espaços vermelhos e 20 que não são vermelhos, as chances reais são de 20-para-18; a probabilidade de êxito é de 18/38, ou seja, menos que 1/2. O lucro esperado é de menos 1/19 (– 0,0526). Para uma aposta normal de 1 dólar no vermelho ou no preto, podemos esperar perder um pouco mais do que 5 centavos. A tabela a seguir mostra a probabilidade de êxito, as chances reais e os ganhos esperados de todas as apostas possíveis na roleta:

APOSTA	NOME	PROBABILIDADE	CHANCES VERDADEIRAS	CHANCES DADAS	GE
1 número	Puro	1/38	37 para 1	35 para 1	– 0,0526
2 números	Meio-a-meio	2/38 (1/19) 1	8 para 1	17 para 1	– 0,0526
3 números	3 linhas	3/38	35 para 3	11 para 1 (33 para 3)	– 0,0526
4 números	Canto	4/38 (2/19)	17 para 2	8 para 1 (16 para 2)	– 0,0526
5 números	Primeiros cinco	5/38	33 para 5	6 para 1 (30 para 5)	– 0,0789
6 números	Primeiros seis	6/38 (3/19)	16 para 3	5 para 1 (15 para 3)	– 0,0526
12 números	Coluna ou Dúzia	12/38 (6/19)	13 para 6	2 para 1 (12 para 6)	– 0,0526
18 números	Par/Ímpar, Vermelho/ Preto, Baixo /Alto	18/38 (9/19)	10 para 9	1 para 1 (9 para 9)	– 0,0526

O que esta tabela informa? Qualquer que seja a aposta, o lucro esperado é negativo. Ninguém derrota a roleta.

Como derrotar a roleta

Admito: é, de fato, possível derrotar a roleta. Já houve quem o fizesse. Como? Não foi derrotando a matemática, mas derrotando a física. Edward Thorp, o matemático, mais conhecido por seu livro *Beat the Dealer*, sobre contar cartas para ganhar no blackjack, também elaborou fórmulas newtonianas para descrever o movimento da roleta e da bola. Seus cálculos demonstraram que, cronometrando a roleta e os movimentos da bola em giros sucessivos, e inserindo os dados em um computador, era possível prever onde a bola iria parar com precisão suficiente para ganhar. Em 1962, Thorp se associou a Claude Shannon, o inventor da teoria da informação, para montar um computador analógico do tamanho de um maço de cigarros e atacar o hotel Riviera em Las Vegas Strip (era um ótimo momento para ser matemático). Seu invento improvisado sofria de falhas mecânicas e Shannon e Thorp deixaram de lado o jogo de derrotar a roleta.

Em 1980, um grupo de físicos da Costa Oeste dos Estados Unidos se associou com o título de Eudaemonic Enterprises para criar computadores digitais embutidos no salto do sapato, o que lhes permitia derrotar a roleta. A história deles está relatada em *Eudaemonic Pie*, de Thomas Bass. Nota: Thorp e os rapazes da Eudaemonic descobriram independentemente que a bolsa de valores era um jogo muito melhor (mais dinheiro, menos rótulas quebradas), e se tornaram multimilionários usando sistemas computadorizados de compra e venda de ações. Essas histórias são contadas em *Beat the Market* e *The Predictors*.

Pôquer

Pôquer é o jogo de baralho mais comum nos Estados Unidos, o primeiro em muitas edições do venerável *According to Hoyle* (De acordo com as regras). Com raízes no antigo jogo persa *As Nâs*, bem como em jogos de cartas do Renascimento, o jogo *poque* chegou ao violento porto de Nova Orleans no século XIX. Durante a Guerra Civil foram inventadas as modalidades de pôquer chamadas *fechado* e *aberto*. Nas décadas seguintes, foram inventadas outras variações, e seu lugar na cultura norte-americana ficou consagrado. Nas décadas de 1970 e 1980, surgiram os primeiros livros de pôquer sérios, escritos por jogadores profissionais, tais como *Super System* [Super-sistema], de Doyle Brunson, *Theory of Poker* [Teoria do pôquer], de David Sklansky. Na década de 1990, a explosão dos cassinos e dos jogos on-line ampliou bastante as fileiras dos jogadores profissionais e dos amadores de alto nível.

Existem muitas variações do jogo de pôquer, mas a meta é sempre receber a melhor mão de cinco cartas — ou blefar, convencendo todos os outros a desistir. As mãos se classificam na ordem inversa à probabilidade de recebê-las (presumindo-se jogo sem curingas). As mãos do pôquer dividem-se em três categorias. A primeira são cartas de mesmo valor: um par, dois pares, trinca, quadra e *full house* (um par e uma trinca). A segunda são cinco cartas do mesmo naipe, conhecida como *flush*. A terceira são cinco cartas em seqüência, conhecida como *straight* (o ás pode ser a carta mais alta ou a mais baixa nos *straights*, mas não ambas, portanto A, 2, 3, 4, 5 e 10, J, Q, K, A são seqüências válidas, e Q, K, A, 2, 3, não). Cinco cartas em seqüência e do mesmo naipe formam um *straight flush*, naturalmente. O *royal flush* (10-J-Q K-A do mesmo naipe) é a mão mais alta possível. As chances são de 649.739 contra 1 para receber um *royal flush*.

Probabilidades do Pôquer

MÃO	NÚMERO	PROBABILIDADE	CHANCES
Um par	1.098.240	0,4226	1.366:1
Dois pares	123.552	0,0475	20:1
Trinca	54.912	0,0211	46:1
Straight	10.200	0,0039	254:1
Flush	5.108	0,0020	508:1
Full house	3.744	0,0014	693:1
Quadra	624	0,00024	4.164:1
Straight flush	36	0,000014	72.192:1
Royal flush	4	0,0000015	649.739:1

A inclusão dos curingas, um ou dois, apresenta a possibilidade da quina, que derrota todas as outras mãos e altera suas probabilidades, complicando-as.

Todas as variantes do pôquer têm um monte central de dinheiro, comum a todos os jogadores, que aumenta no decorrer do jogo e das apostas e, por fim, vai para o vencedor. Em cada rodada de apostas, os jogadores têm a opção de fazer uma aposta que os adversários têm de bater para continuar no jogo (não apostar nada é *passar*); *pagar para ver* ou igualar a aposta já feita; pagar para ver e *aumentar* com uma aposta adicional; ou *sair* da rodada. O intervalo das apostas termina quando todos o jogadores ativos equalizam as apostas.

O pôquer tem inúmeras variantes, entre elas o *five-card draw* (fechado de cinco cartas), *seven-card stud* (aberto de sete cartas), *low-ball* e *Texas hold'em*. Este último consiste na distribuição de duas cartas fechadas para cada jogador e cinco abertas, distribuídas em rodadas de três cartas, uma carta e uma carta, num total de quatro rodadas de apostas. Essa variante se popularizou em razão da fama cada vez maior do Binion's World Series of Poker, torneio aberto de *Texas hold'em*, iniciado em 1970 e agora com prêmio multimilionário.

A seguir, uma rápida introdução a alguns dos conceitos matemáticos essenciais a todas as variantes do pôquer: as probabilidades de vencer a rodada, o Teorema Fundamental do Pôquer e o blefe.

Probabilidades de vencer a rodada

No pôquer, o lucro esperado em determinada aposta B e determinado monte de tamanho A é:

$$LE = P(\text{de vencer}) \times (A + B) - B$$

As verdadeiras chances são:

$$\frac{(1 - P)}{P}$$

As *chances factuais*, também conhecidas como *probabilidades de vencer a rodada*, são:

$$\frac{A}{B}$$

Queremos apostar de maneira que o lucro esperado seja positivo, o que acontece quando as chances reais não são maiores que as probabilidades de vencer a rodada.

Portanto, se achamos que nossas chances de êxito são de 4-para-1, convém que as probabilidades de vencer a rodada sejam melhores do que 4-para-1. Se o monte da rodada for de 100 dólares, convém apostar menos de 25 dólares. Inversamente, convém que as probabilidades de vencer a rodada sejam piores para os adversários do que as chances reais de vitória deles. Digamos que temos um *full house* e o adversário tem um *flush* de quatro em uma mão de cinco cartas. Se ele tirar uma carta, tem 19% de probabilidade de completar o *flush* e derrotar o nosso *full house*. Ele tem probabilidade de 4-para-1 de completar o *flush* (vale notar que, como sua probabilidade de êxito é de mais ou menos 1/5 — isto é, ele terá êxito uma vez para cada quatro fracassos —, as chances são de 4-para-1). Digamos que o monte contém 100 dólares. Se você apostar 50 dólares, o adversário terá de apostar 50 dólares para ter uma chance de ganhar o monte de 150 dólares: probabilidades de 3-para-1 de vencer a rodada. Com a sua aposta, você piorou as chances de o adversário ficar com o monte do que as probabilidades dadas.

Calcular suas chances reais de êxito é complicado em razão de não saber com precisão o que os adversários têm nas mãos. O cálculo das probabilidades de vencer a rodada é complicado pelas múltiplas rodadas de apostas e distribuições de cartas em jogos como o pôquer aberto de sete cartas e o *Texas hold'em*. Ao apostar, é preciso levar em conta, além do tamanho do monte, o quanto o monte pode crescer.

Teorema Fundamental do Pôquer

O Teorema Fundamental do Pôquer, segundo *The Theory of Poker*, de David Sklansky (Two Plus Two Publishing, 2002), é:

> Sempre que se joga uma rodada de maneira diferente de como se jogaria se pudesse ver todas as cartas dos adversários, eles ganham, e sempre que se joga uma rodada da mesma maneira que se jogaria se pudesse ver todas as cartas, eles perdem. Inversamente, sempre que os adversários jogam de maneira diferente de como jogariam se vissem todas as suas cartas, você ganha, e toda vez que jogam do mesmo jeito que jogariam se vissem todas as suas cartas, você perde.

O *lucro* a que se refere o teorema é o *lucro esperado*. O teorema se refere ao fato de que, quando calcula mal as chances reais, seu lucro esperado diminui; quando os adversários calculam mal as chances reais, aumenta seu lucro esperado.

Em outras palavras, o que torna o pôquer interessante é o fato de ser um jogo de informações incompletas. Não sabemos quais cartas receberemos nem o que vai aparecer no pôquer aberto, nem quais são as cartas dos adversários. O objetivo do pôquer (e de qualquer jogo em que vários jogadores estão em competição com conhecimentos incompletos) é duplo: jogar o mais próximo possível de como você jogaria se tivesse as informações completas enquanto engana os adversários ao fazê-los jogar com base em suposições erradas — o que se faz por meio do blefe.

Um exemplo simples do Teorema Fundamental em ação é o pôquer fechado de cinco cartas. Se começar com um par na mão e pedir três cartas, a probabilidade de melhorar a mão (com um terno, uma quadra, dois pares ou um *full house*) é de 0,287. Se pedir duas cartas, a probabilidade de melhorar o jogo é de 0,260. Já que pedir três cartas dá mais chances de melhorar do que duas cartas, por que pedir só duas cartas?

Faz-se isso para blefar, para induzir o adversário a achar que, em vez de um par, você já tinha uma trinca antes de pedir. Digamos que ele também recebeu um par ou dois pares; se achar que você tem uma trinca, é provável que desista. Talvez até desista se tiver uma trinca baixa. Segundo o Teorema Fundamental do Pôquer, você ganha, pois o comportamento do adversário seria diferente se ele soubesse quais são as suas cartas.

Aliás, se o adversário souber que você costuma blefar ao pedir duas cartas, tendo um par na mão, quando você tiver uma trinca e pedir duas cartas, ele vai achar que você tem um par e pagar para ver com apenas um par ou dois pares na mão. Você também ganharia, segundo o Teorema Fundamental do Pôquer.

Blefe

Com que freqüência você deve blefar? Vai depender da esperteza do adversário; se ele acreditar em todos os seus blefes, então blefe à vontade. Se ele pagar para ver todos os seus blefes, então não blefe (jogue "a sério"), mas aposte bem alto sempre que tiver um jogo bom. Digamos, contudo, que ele é tão esperto quanto você. Nesse caso, a possibilidade de blefe deve expressar a probabilidade de vencer a rodada. Se a probabilidade de vencer a rodada do seu adversário for 5-para-1 (digamos que ele tem de apostar 20 dólares num monte de 100 dólares porque pagou para ver), então a chance contra o seu blefe deve ser de 5-para-1.

A probabilidade de receber um par na distribuição inicial no pôquer fechado de cinco cartas é de 0,4226; a probabilidade de receber uma trinca é de 0,0211. Assim, a cada 20 pares que receber, você receberá uma trinca. Comparativamente, suas chances são de 20-para-1. Se você sempre pede duas cartas tendo par ou trinca, seu adversário sabe que é de 20-para-1 sua possibilidade de não estar blefando. Mas, se pede duas cartas na metade das vezes em que tem um par, seria apenas de 10-para-1.

Ao pedir duas cartas com um par na mão uma vez a cada 40, você só blefa uma vez a cada duas em que recebe uma trinca. Nesse caso, a possibilidade de ter pelo menos dois pares depois de pedir cartas é de 75% (75% de que tenha uma trinca ou jogo melhor). É de 3-para-1 a possibilidade de ter um par e 7-para-3 de ter um ou dois pares. Se as probabilidades de ganhar o monte forem piores do que essas, seu adversário não deve pagar para ver o seu blefe.

Digamos que você só pede duas cartas tendo um par na mão se também tiver o ás de espadas e o 3 de paus, situação que surge uma vez a cada cem pares que você recebe. Então, a probabilidade de ter uma trinca ou jogo melhor depois de pedir é só de mais ou menos 5-para-1.

Corrida de cavalo

> Todos juntos, então, erguiam os chicotes sobre eles, puxavam as rédeas e gritavam palavras de incentivo para que fossem em frente. Os cavalos partiam rapidamente, galopando velozes para fora dos navios. A poeira subia sob os cavalos e ficava flutuando como nuvens de tempestade em redemoinho. As crinas ondulavam ao vento. As bigas ora percorriam a nutritiva terra, ora saltavam alto pelos ares. Os cocheiros de pé nas bigas, coração palpitando, ao esforçar-se rumo à vitória. Cada homem gritava, chamava seus cavalos, enquanto eles voavam por aquela planície empoeirada.
>
> *Ilíada*, Livro xxiii

As raízes da corrida de cavalo são profundas. Um documento hitita de 1500 a.C. contém minúcias da criação e do adestramento de cavalos. Os gregos realizaram corridas de bigas na 23ª Olimpíada e iniciaram as corridas com cavalos de montaria na 33ª Olimpíada. Os beócios até deram a um de seus meses o nome hipodrômio — "mês da corrida de cavalo".

A corrida de cavalo merece o epíteto de Esporte dos Reis — as corridas atuais são descendentes diretas daquelas organizadas pelo rei Jaime I na Inglaterra do século XVII e formalizadas pelo rei Carlos II um século depois. Em 1779 e 1780, as primeiras corridas com prêmio exclusivamente em dinheiro, de Epsom Oaks e Derby, foram organizadas pelo 12º conde de Derby. Todos os aspectos desse negócio são caríssimos — do apostador ao dono do cavalo, que gasta centenas de milhares de dólares para comprar e adestrar um puro-sangue. Todos os cavalos puros-sangues descendem de um dos três garanhões do Oriente Próximo: o Byerly Turk, o Darley Arabian e o Godolphian Barb, que foram criados na Inglaterra no início do século XVIII.

A corrida de cavalo nos Estados Unidos envolve de seis a 12 cavalos correndo em sentido anti-horário ao redor de uma pista oval. As raças se dividem em: puro-sangue, cavalo de sela e quarto de milha. Elas se subclassificam por distância (seis *furlongs* ou 3/4 de milha, sete *furlongs* ou 7/8 de milha, uma milha, 1 1/8 de milha, 1 1/4 de milha, 1 1/2 de milha), apostas (Belmont Stakes, por exemplo, tem prêmios de 1 milhão de dólares), sexo (fêmea, macho, castrado), idade (todos os cavalos de corrida têm a mesma data de aniversário oficial — 1º de janeiro —, segundo norma da Thoroughbred Racing Association) e qualidade do cavalo. As corridas são *Stakes, Handicap, Claiming, Optional Claiming, Allowance, Classified Allowance* e *Maiden*. As *Stakes* são as principais: corridas abertas para as quais os cavalos têm de se classificar e competir por um prêmio (ou *stake*), pré-definido. Nas corridas *Handicap* os cavalos são prejudicados por ter de carregar pesos. Nas corridas *Claiming*, os cavalos estão à venda; podem ser comprados por determinado preço. Nas corridas *Allowance*, existe determinada característica requisitada, tal como "dois anos que não ganhou mais de uma corrida". As corridas *Maiden* são para cavalos que nunca venceram.

As apostas comuns nos hipódromos, cada uma das quais paga rateios distintos, são vencedor, placê (primeiro ou segundo), show (primeiro, segundo, ou terceiro) e acumulada (combinação de vencedor, placê e show). As apostas "exóticas" envolvem a escolha de combinações exatas de vencedores: dupla (os dois primeiros cavalos), exata (os dois primeiros na ordem exata), trifeta (os três primeiros na ordem exata), quadrifeta (os quatro primeiros na ordem exata), *daily double* (vencedor de dois páreos consecutivos), supertri (três páreos consecutivos) e outras variações.

O sistema de apostas mútuas

As apostas em corridas de cavalo empregam o sistema de apostas mútuas. Ele foi inventado por Pierre Oiler, fabricante de perfumes parisiense, em 1865, a quem um amigo que era corretor de apostas pediu que inventasse um sistema que lhe garantisse lucro permanecendo justo para os apostadores. Oiler descobriu que era possível extrair uma porcentagem da soma de todas as apostas e os prêmios seriam o restante, se as chances de receber o prêmio fossem inversamente proporcionais ao total apostado em cada cavalo. No sistema de apostas mútuas, os apostadores concorrem uns contra os outros e não contra a casa.

Conforme vão chegando as apostas, as chances são ajustadas (os prêmios baixam para os favoritos, sobem para os azarões), menos a "comissão" (em geral, pelo menos 15%) e também menos um arredondamento para as chances de prêmios normais, conhecido como "quebra de caixa". A quebra de caixa custa, em média, 2% ao apostador.

Efeito da quebra de caixa em prêmio sobre apostas de $2

CHANCES	ESCALA DO PRÊMIO	EFEITO MÁXIMO DA QUEBRA DE CAIXA	EFEITO MÉDIO DA QUEBRA DE CAIXA
1/20	$2,10 (mínimo)	nenhum	nenhum
1/10	$2,10	– 8,6%	– 4,3%
1/5	$2,40-$2,60	– 7,3%	– 3,5%
2/5	$2,80	– 6,4%	– 3,2%
1/2	$3,00	– 6,0%	– 3,0%
3/5	$3,20-$3,40	– 5,6%	– 2,7%
4/5	$3,60-$3,80	– 5,0%	– 2,4%
1	$4,00-$4,20	– 4,5%	– 2,2%
6/5	$4,40-$4,60	– 4,1%	– 2,1%
7/5	$4,80	– 3,8%	– 1,9%
3/2	$5,00	– 3,7%	– 1,8%
8/5	$5,20-$5,40	– 3,5%	– 1,7%
9/5	$5,60-$5,80	– 3,3%	– 1,6%
2	$6,00-$6,80	– 3,1%	– 1,45%
5/2	$7,00-$7,80	– 2,6%	– 1,26%
3	$8,00 - $8,80	– 2,3%	– 1,11%
7/2	$9,00-$9,80	– 2,1%	– 0,99%
4	$10,00-$10,80	– 1,9%	– 0,90%
9/2	$11,00-$11,80	– 1,7%	– 0,82%
5	$12,00-$13,80	– 1,5%	– 0,73%
6	$14,00-$15,80	– 1,3%	– 0,63%
7	$16,00-$17,80	– 1,2%	– 0,56%
8	$18,00-$19,80	– 1,0%	– 0,49%
9	$20,00-$21,80	– 0,9%	– 0,45%
10	$22,00-$23,80	– 0,8%	– 0,41%º
11+	acima de $24,00	< – 0,7%	< – 0,35%

Imaginemos uma corrida com apenas dois cavalos e dois apostadores. Se cada cavalo recebesse uma aposta de mil dólares, seu prêmio seria o mesmo: 1-para-1, supondo-se inexistência de comissão. Mas, na verdade, o corretor de apostas tira 15% do total, portanto restam 1.700 dólares para pagar ao vencedor. Portanto, as chances de premiação seriam 7-para-10 (o prêmio de uma aposta de mil dólares seria 1.700 dólares). Mas também há a "quebra de caixa". As chances são arredondadas para 3-para-5 (o prêmio de uma aposta de mil dólares é 1.600 dólares) e a banca fica com o erro do arredondamento.

Digamos agora que um terceiro jogador apostas 3 mil dólares em um cavalo, ou seja, um dos cavalos recebe 4 mil dólares em apostas e o outro, apenas mil. Sem comissão, as chances de premiação são, respectivamente, de 1-para-4 e de 4-para-1. Mas quando o corretor retira sua comissão, restam 4.250 dólares. Depois da quebra de caixa, as chances caem para o prêmio mínimo de 1-para-20 e 3-para-1.

Como vemos, a comissão e a quebra de caixa reduzem muito o lucro esperado dos apostadores. As apostas são recebidas e a comissão, a quebra de caixa e as chances são calculadas e exibidas por uma máquina conhecida como "totalizadora", inventada pelo australiano George Julius em 1912 na forma de um computador totalmente mecânico. Os totalizadores debutaram nos Estados Unidos na década de 1930. Agora eles são totalmente eletrônicos, capazes de lidar com uma série de combinações exóticas de apostas.

Os corretores independentes (*bookies* em inglês) têm uma comissão menor e, assim, oferecem prêmios melhores, mas são ilegais. Não obstante, com o advento das apostas via internet chegaram as *rebate shops*, que são perfeitamente lícitas nas suas sedes, em locais como as Bermudas. Está em debate se é lícito que os norte-americanos realizem essas transações via internet. Essas corretoras de apostas no exterior devolvem ao apostador uma percentagem de cada aposta feita. Oferecendo esses reembolsos, estão, na verdade, reduzindo a comissão, que cai de 20% para até 1% ou 2%. Essas corretoras podem reduzir a comissão porque operam com despesas mínimas. Esse tipo de corretora de baixa comissão e que faz reembolsos permite aos jogadores talentosos, que podem pagar apostas caras, uma receita constante.

Vencer nas corridas de cavalo

Em razão da natureza do sistema de apostas mútuas, existem métodos que concedam oportunidades ao jogador experiente? A maioria dos sistemas depende do uso de conhecimentos acerca dos cavalos, dos jóqueis e da corrida para escolher os vencedores. Não são sistemas bons, porque os calculadores de chances são especialistas com melhor acesso às informações necessárias e reduzem as probabilidades. E também há o problema de que o sistema de apostas mútuas castiga os que fazem as escolhas mais racionais, ao reduzir os prêmios dos favoritos.

Não quero dizer que alguém que tenha uma fantástica intuição não se saia bem, mas quase todas as pessoas que sejam apenas boas (ou muito boas) perdem dinheiro devagar (ou não) e constantemente, a não ser que usem as corretoras que mencionei. Assim como os jogadores dos cassinos, os apostadores pagam para ver o cavalo correr — o que não deixa de ser divertimento. Contudo, existem sistemas mais produtivos do que tentar se antecipar aos especialistas. Um método nada ético e ilícito, porém muito bem-sucedido, é desvirtuar deliberadamente o sistema de apostas mútuas e transformá-lo no jogo da construção.

Jogo da construção

O jogo da construção é uma estratégia em que um grupo de conspiradores monopoliza os balcões de apostas mútuas para distorcer os prêmios, fazendo apostas pequenas nos azarões. Outros conspiradores fazem apostas altas nos prováveis vencedores. O golpe de 1932 no hipódromo de Agua Caliente, no México, aumentou as chances do cavalo vencedor, Linden Tree, de 7-para-10 para 10-para-1. O jogo de 1964 no Dagenham Greyhound Stadium em East London, controlou tanto as apostas que só foi vendido um bilhete de dupla (Buckwheat e Handsome Lass) com as chances de 9.872-para-1.

Coberturas

A única possibilidade legítima de bater o sistema de apostas mútuas é encontrar "coberturas", isto é, cavalos para os quais as chances no hipódromo (definidas pelas massas na hora da corrida) são melhores do que as corretas. Se você conhece as probabilidades reais de vitória dos cavalos pode tirar vantagem das diferenças entre as chances reais e as do hipódromo. Existem fórmulas para calcular apostas máximas a fim de explorar as chances favoráveis, sem induzir o sistema de apostas mútuas a se ajustar contra sua margem. É possível tentar descobrir as chances corretas por meio do seu próprio *handicap*, mas não é provável que você se saia melhor do que os corretores especializados que definem as chances iniciais do dia.

As coberturas existem em razão de sutilezas da psicologia das massas: as massas apostam nos azarões (principalmente na última corrida do dia), o que reduz suas próprias chances, tornando-as apostas piores. De maneira semelhante, costumam exagerar na aposta do favorito nas primeiras corridas. Assim, os cavalos medianos quase sempre terminam com coberturas. Devemos observar que esses não são os azarões, portanto não têm chance de prêmio grande e continuam tendo menor probabilidade de vencer do que o favorito. Temos a clássica situação de jogo em que o seu lucro esperado no longo prazo é positivo, mas pode esperar lutar com muitas perdas no curto prazo. Além disso, se um número suficiente de pessoas aproveitar a situação favorável, a cobertura desaparece rapidamente.

Um método analítico de identificar as coberturas com base na psicologia de massa é rastrear a taxa de risco do lucro esperado para diversas distribuições de chances nas corridas. A distribuição das apostas pelos diversos cavalos define a distribuição das chances de premiação, o conjunto de chances expostas no placar de apostas. Com um computador, é possível colher e interpretar dados suficientes sobre as distribuições de chances para identificar situações favoráveis para as apostas. A idéia fundamental que distingue, das outras, essa técnica computacional é que o comportamento dos apostadores em cavalos é mais previsível do que o dos cavalos.

FONTES

ALDOUS, D. e Diaconis P. 1986. "Shuffling cards and stopping times". *American Mathematical Monthly* 93 (maio):333.

_________. *Eudaemonic Pie*. Houghton Mifflin, 1985.

BASS, Thomas. *The Predictors*. Henry Holt & Co., Inc., 1999.

BAYER, D. e Persi Diaconis, "Trailing the dovetail shuffle to its lair", *Ann. Appl. Probab.* 2(1992), nº 2, 294-313.

BERGER, P. 1973. "On the distribution of hand patterns in bridge: Man-dealt versus computer-dealt". *Canadian Journal of Statistics* 1:261.

BRUNSON, Doyle. *Doyle Brunson's Super System*. Cardoza Publishing, 1979.

EPSTEIN, Richard A. *The Theory of Gambling and Statistical Logic*, edição revista. Academic Press, 1977.

MANN, B. "How many times should you shuffle a deck of cards?" UMAP J. 15 (1994), nº 4, 303-332.

SKLANSKY, David. *The Theory of Poker*. Two Plus Two Publishing, 1987.

THORP, Edward. *Beat the Dealer*. Random House, Inc., 1962.

THORP, Edward e Sheen Kassouf. *Beat the Market*. Random House, 1967.

TREFETHEN, L. N. e L. M. Trefethen. "How many shuffles to randomize a deck of cards?" *Proceedings of the Royal Society*, Londres A 456(8 de out. de 2000):2561.

Este livro foi composto na tipologia Minion,
em corpo 11/15,2, impresso em papel off-white 80g/m²,
no Sistema Cameron da Divisão Gráfica da Distribuidora Record.